ANATOMIE
IN BEWEGUNG

GILLIAN HIGGINS

Gangarten und Lektionen
verstehen mit Buch und App

KOSMOS

EINLEITUNG

Mit diesem Projekt, welches insgesamt fünf Jahre gedauert hat, habe ich einen Katalog der Bewegungsmuster von Pferden mit wunderbaren Videos und Fotografien erarbeitet.
Inspiriert wurde es von meiner Liebe zu Pferden, zu ihrer Schönheit, Sensibilität, Flexibilität, Vielseitigkeit und Gewandtheit, sowie meiner Passion für Anatomie und Kunst. Dazu kamen meine Bewunderung für Eadweard Muybridges Arbeiten zu Bewegungsmustern bei Tieren und für Stubbs' anatomische Zeichnungen. Ich hoffe, meine Bilder und Videos werden wie deren Arbeiten gleichermaßen eine zeitlose Ressource für die Zukunft werden.

Die Fotos des wunderbaren Fotografen Matthew Roberts sind in ausklappbaren Seiten dargestellt. Die Fotoserien helfen Ihnen sich vorzustellen, was unter dem Fell passiert, und Schönheit, Sensibilität, Flexibilität und Gewandtheit sowie Athletik der Pferde in Bewegung zu bewundern.

Die dargestellten Bewegungsmuster haben nicht das Ziel, perfekt zu sein; die Pferde werden alle dabei gezeigt, wie sie im täglichen Training auf ihre potenzielle Bestleistung hin arbeiten.

Ein gewisses Vorwissen in Anatomie und Biomechanik ist nützlich, aber es ist keine Voraussetzung, um dieses Buch durchzuarbeiten und zu verstehen. Die Fotos sind gleichermaßen für den reitbegeisterten Amateur, der sich einfach an den Möglichkeiten und der Eleganz der Pferde erfreut, und den Profi gedacht, der lernen möchte, wie man Bewegungsmuster von Pferden beobachtet, analysiert und interpretiert.

Jede dieser Fotoserien wird begleitet von einer kurzen Erklärung zur Biomechanik und den Bewegungen selber, zusammen mit einer Liste von Schlüsselbeobachtungen, die dann auch für andere Bewegungen relevant sein können.

Um Ihre Erfahrung zu vergrößern, Ihre Beobachtungsfähigkeit zu schulen, und es Ihnen zu ermöglichen, die Bilder zu genießen, können Sie auch die begleitenden Videos anschauen. Hier sieht man eine Reihe von Pferden aus unterschiedlichen Blickwinkeln mit entsprechenden Erläuterungen. Wenn Sie dieses Buch gekauft haben, können die Videos über den Link kosmos.de/higgins-anatomie-in-bewegung geöffnet werden oder über die Kosmos-Plus-App angesehen werden.

Das Studium dieser Videos ermöglicht Ihnen, die anatomischen und biomechanischen Hintergründe zu begreifen, die die Entwicklung des Pferdes hin zu Takt, Losgelassenheit, Anlehnung, Schwung, Geraderichtung, Durchlässigkeit und Versammlung ermöglichen.

Das Studium dieses Buches wird eine gewisse Zeit dauern, um alle Details und Hintergründe aufzunehmen.
Ich hoffe, dass Sie genauso viel Spaß beim Durcharbeiten dieses Buchs haben werden, wie ich ihn hatte, das Buch zu erarbeiten.

Vielen Dank und viel Freude damit,

Ihre Gillian Higgins

HORSES
INSIDE
OUT

ALBION
Horses
Inside
Out

INHALT

HORSES INSIDE OUT
ROBINS ROW

HORSES
INSIDE
OUT

GILLIAN HIGGINS

DIE AUTORIN

Fachfrau und Künstlerin in Anatomie und Biomechanik •
Coach und Therapeutin • Dozentin

HORSES
INSIDE
OUT

Horses
Inside
Out

MATTHEW ROBERTS
DER FOTOGRAF

Fotos • Filme und Videoproduktionen

Ein großes Dankeschön an alle Pferde,
Reiterinnen und Reiter, Besitzerinnen und
Besitzer sowie Helferinnen und Helfer, ohne die
dieses Buch nicht hätte entstehen können.

HORSES
INSIDE
OUT

HORSES
INSIDE
OUT

ZWECK DIESES BUCHES

Inspirieren und Erklären durch die Darstellung der Bewegungsmuster von Pferden

Das kostenlose Extra:

Die App „KOSMOS PLUS“

Mit der KOSMOS-PLUS-App ganz einfach alle Videos anschauen. Dieses Buch bietet dir weitere Inhalte in Form von Videos, die durch dieses Symbol 123 gekennzeichnet sind.

UND SO GEHT’S:

1. Besuche den App Store oder Google Play.

2. Lade die kostenlose App „KOSMOS plus“ auf dein Mobilgerät.

3. Öffne die App und lade die Inhalte für „Anatomie in Bewegung“ herunter. Gebe hierfür das Codewort „Bewegung“ ein.

Weitere Informationen findest du unter **plus.kosmos.de**

DIE VIDEOS

Das Buch wird von 28 hochauflösenden Videos, teilweise in Zeitlupe, begleitet, welche Pferde in verschiedenen Bewegungen und aus verschiedenen Perspektiven zeigen. Die Autorin erklärt dabei Bewegungsmuster und Biomechanik und erläutert, worauf die Beobachter achten sollen. Für jede der nachfolgend im Buch beschriebenen Gangart oder Lektion gibt es ein eigenes Video.

Die Bewegungen der Pferde sind nicht immer perfekt. Die Pferde werden während des Trainings gefilmt, und die Videos ermöglichen Ihnen, diese Bewegungen selber zu analysieren.

Wenn Sie die Videos ansehen wollen, müssen sie nur den Link kosmos.de/higgins-anatomie-in-bewegung nutzen. Das Passwort lautet: „Bewegung“. Oder Sie laden die kostenlose App „KOSMOS PLUS“ auf Ihr Mobilgerät. Öffnen Sie die App und laden Sie die Inhalte für „Anatomie in Bewegung“ herunter. Geben Sie hierfür das Codewort „Bewegung“ ein.

000 **VIDEO**
Einführung

HORSES
INSIDE
OUT

1. GERADERICHTUNG

Die Geraderichtung ist eine wichtige Säule im Training. Das Pferd direkt von vorne und hinten zu beobachten ist eine effektive Möglichkeit, um Symmetrie und Stabilität zu prüfen. Ein gerades, stabiles und symmetrisches Pferd sollte sich auf zwei Hufschlaglinien bewegen und Kopf und Hals deckungsgleich und in der Mitte dazu tragen. Die Muskulatur sollte gleichmäßig ausgebildet sein, und die Beine sollten nur eine sehr geringe laterale oder mediale Abweichung von der geraden Linie in der Schwebe- oder Stützphase haben. Drehungen im Sprunggelenk oder Fesselkopf können ein Hinweis für eine laterale Instabilität sein.

Schlüsselbeobachtungen

Beachten Sie die Symmetrie der Gliedmaßen und die Geraderichtung der Gelenke in der Schwebe- und Stützphase.

Video

Das dazugehörige Video zeigt zwei fortgeschrittene Vielseitigkeitspferde, die sich im Schritt, Trab und Galopp einmal direkt auf die Kamera zu und wieder von ihr weg bewegen.

001 VIDEO Geraderichtung

3

4

5

3

4

5

Schlüsselbeobachtungen

Um die Rotation des Rückens zu beurteilen, achten Sie auf die vertikale Bewegung (Ansteigen und Abfallen) der Hüfthöcker. Um die seitliche Biegung zu beurteilen, achten Sie auf die lineare Verschiebung in der Horizontalen durch einen Schrittzyklus hindurch.

1

2

2. SCHRITT

Schritt ist förderlich sowohl für das Training als auch für die Rehabilitation eines Pferdes. Ein guter Schritt ist charakterisiert durch eine lange rhythmische Vorwärtsbewegung und Schwung über Rücken, Brustkorb und Schweif. Mit der größtmöglichen Rotation und seitlichen Biegung im Brustbereich ist Schritt sehr wichtig für die Mobilisierung des Rückens. Es gibt keine Schwebephase, dadurch weniger starke Anspannung und Dehnung der Muskeln, und Muskulatur und Gelenke müssen weniger abfedern. Das stärkt die Muskeln und der geringere Druck in den Gelenken fördert die Rehabilitation nach Verletzungen. Schritt ist eine langsame Gangart und ermöglicht sowohl Pferd und Reiter, neue Bewegungsmuster und Fertigkeiten zu lernen. Die Bilder hier zeigen einen starken Schritt.

HORSES
INSIDE
OUT
ALBION
ENGLAND

7

8

Video

Das dazugehörige Video zeigt eine Reihe von Pferden von der Seite und von oben im versammelten Schritt, Mittelschritt und starken Schritt, sowie im Schritt ohne Reiter.

002 **VIDEO** Schritt

5

6

3. BIEGUNG

Die Biegung des Pferdes entsteht durch die seitliche Beugung der Wirbelsäule, Bewegung der Rippen und seitliche Bewegung der Gliedmaßen. Die größtmögliche seitliche Beugung der Wirbelsäule kommt aus der Halsbasis, dem oberen Ende des Halses und dem Schweif. Die größtmögliche seitliche Beugung des Rückens, die elementar für eine gute Biegung ist, entsteht zwischen den Brustwirbeln T9/10 und T14/15, welche direkt unter dem Sattel liegen. Die Rippen gehen bei einer Biegung an der Außenseite auseinander und nähern sich an der Innenseite an. Zusammen mit dem seitlich schwingenden Brustkorb bekommt der Reiter so das Gefühl, dass sich das Pferd um sein inneres Bein biegt. Asymmetrische Bewegungen der Gliedmaßen sowie Abduktion und Adduktion unterstützen zusätzlich die Biegung.

Schlüsselbeobachtungen

Beachten Sie, dass die größtmögliche Biegung im Bereich der Brust- und Lendenwirbelsäule nur dann eintritt, wenn der Hals soweit herumgebogen ist, wie es dem individuellen Pferd überhaupt möglich ist.

Video

Das dazugehörige Video zeigt ein Vielseitigkeitspferd von oben, wie es eine Reihe von Biegungsübungen durchführt.

003 **VIDEO** Biegung

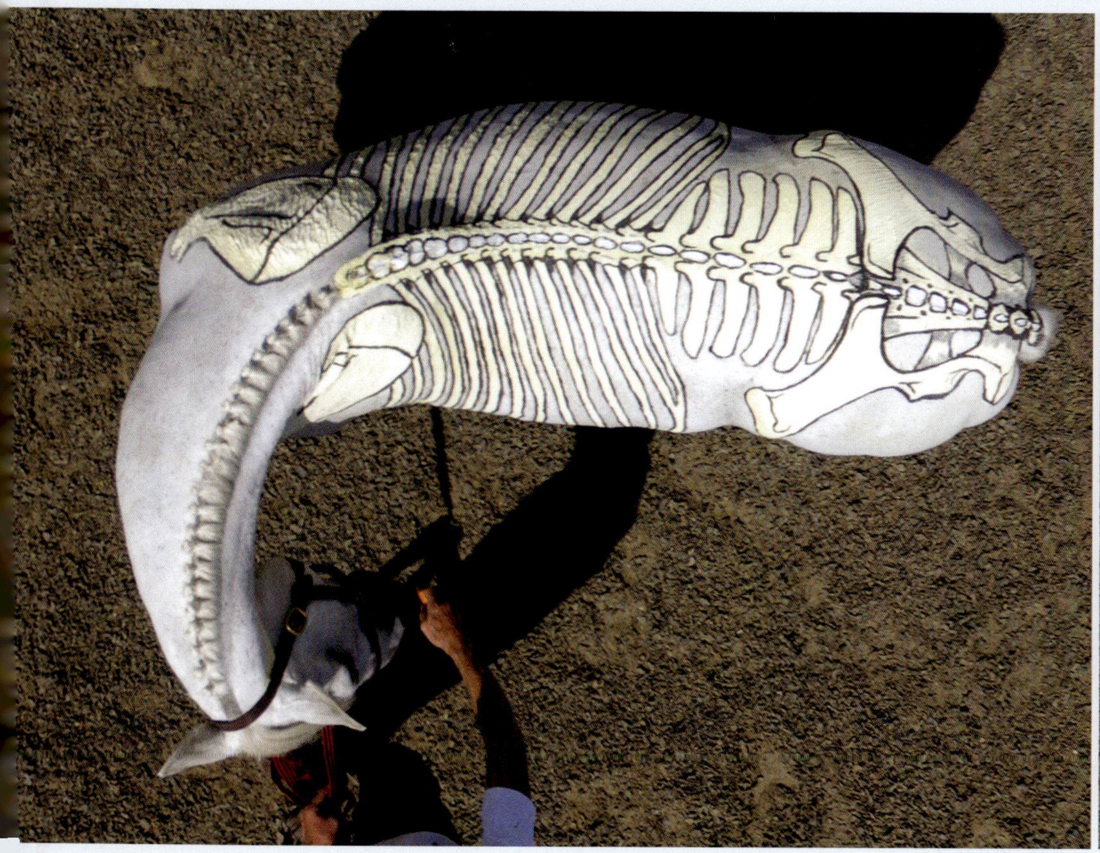

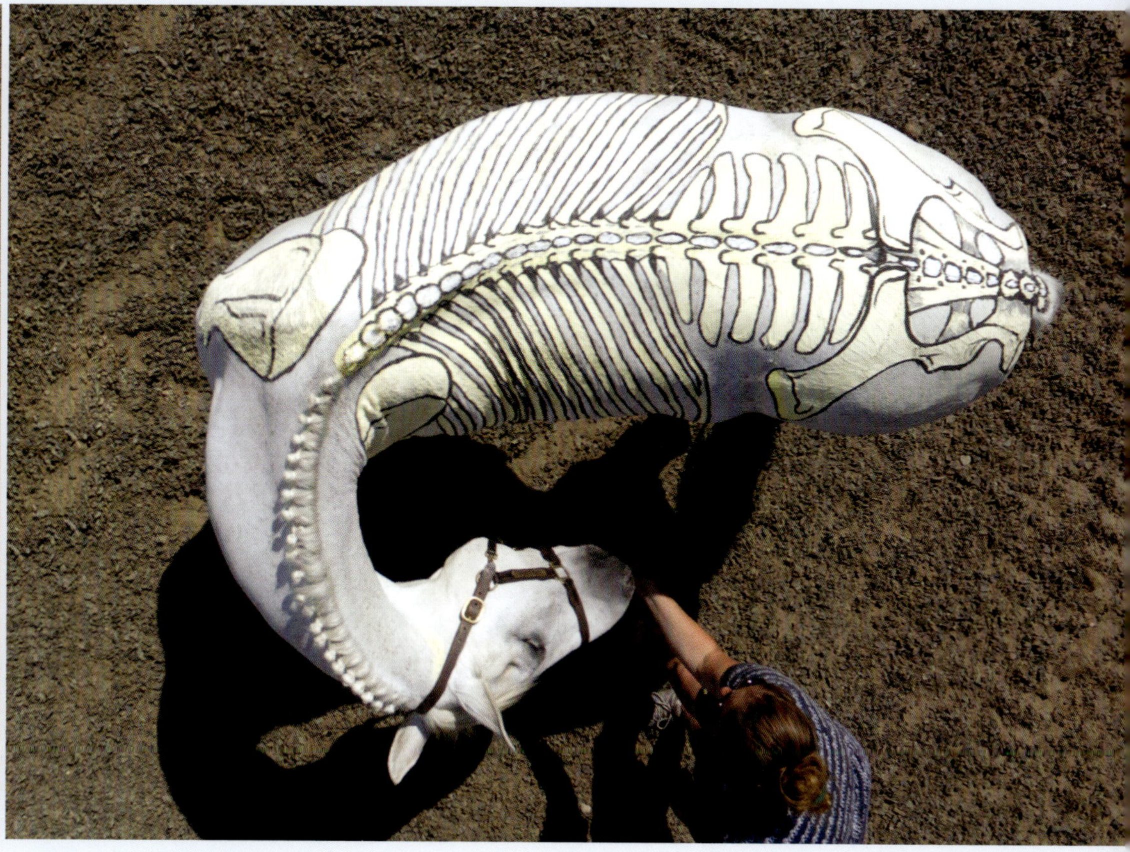

Schlüsselbeobachtungen
Beachten Sie die konvexe Kurve an der Unterseite des Halses, während sich die Schulter vorschiebt und beugt, und wie sich die Halsbasis anhebt und sich der Kopf nach vorne und unten bewegt.

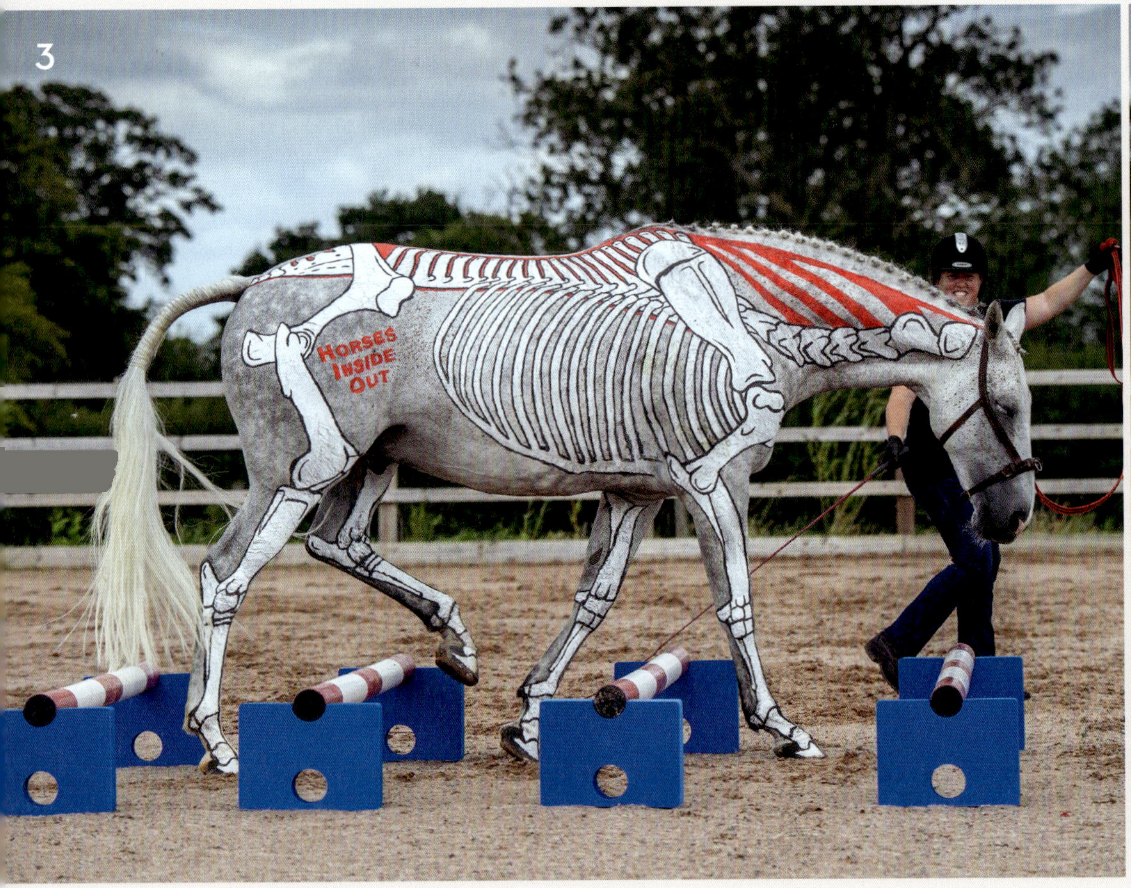

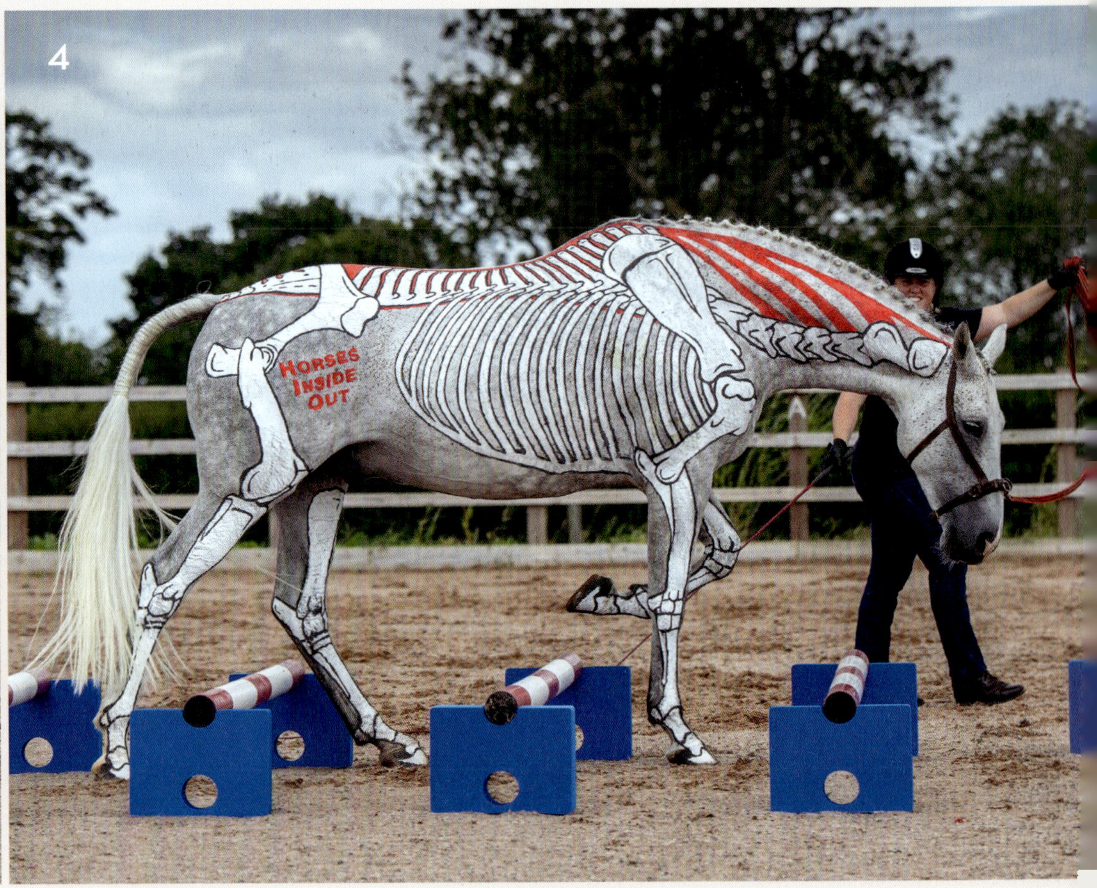

1

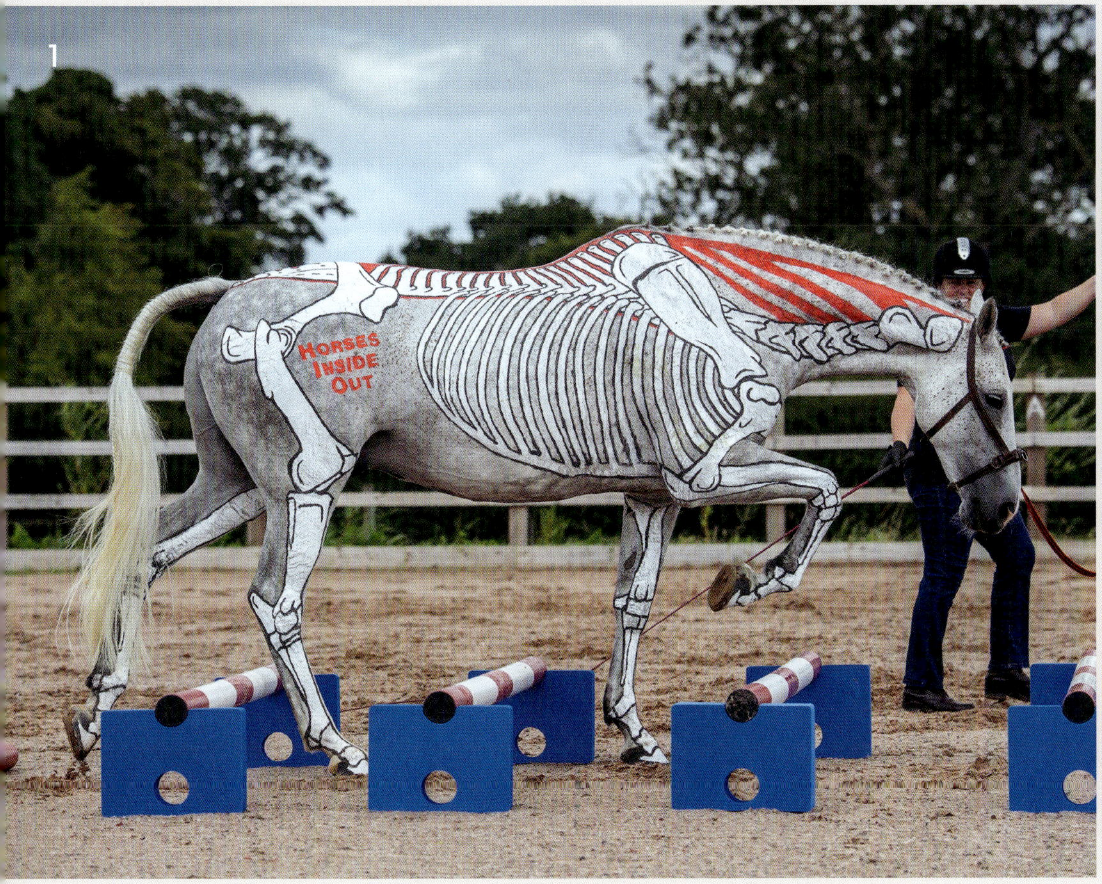

2

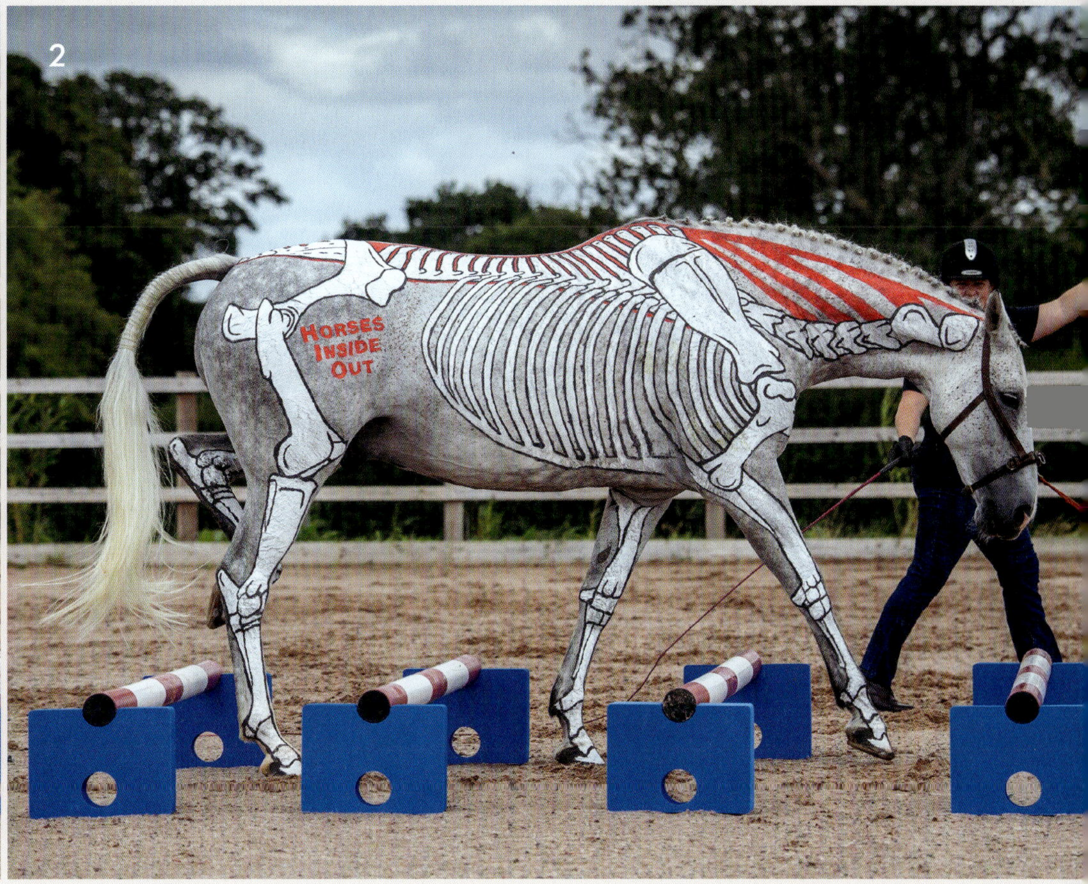

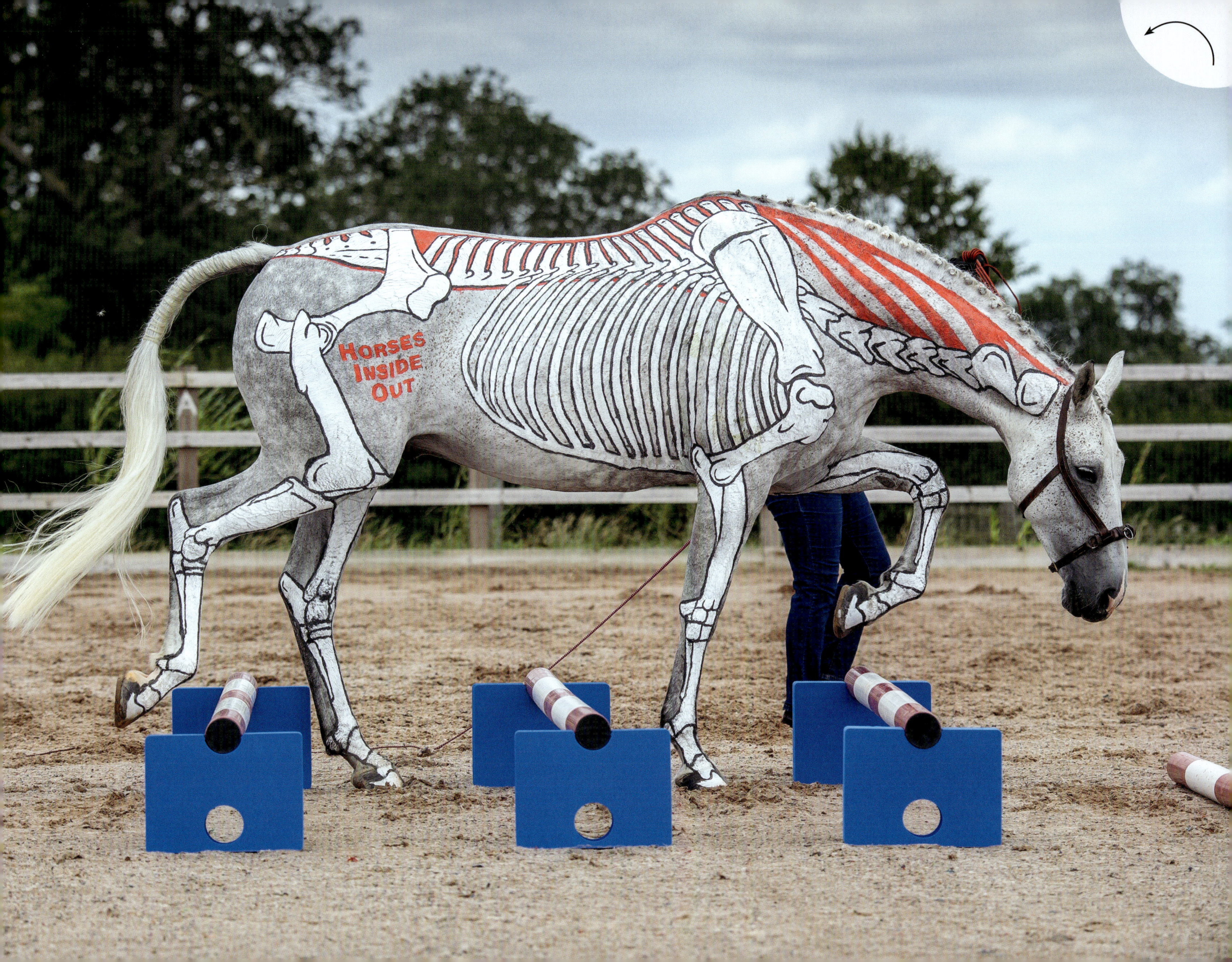
HORSES
INSIDE
OUT

4. CAVALETTI-TRAINING IM SCHRITT

Cavaletti-Training ist eine gute Übung, um Stellung und innere und seitliche Stabilität zu erreichen, sowie die Muskeln, welche den Reiter tragen müssen, zu kräftigen. Wenn das Pferd am langen Zügel geführt wird und man ihm die Zeit gibt, sich die Objekte am Boden anzuschauen, wird das Pferd seinen Kopf absenken und damit die Halsbasis und den Rücken anheben. Dies erhöht seine Beinaktion und seine Beugung in Schulter, Ellenbogen, Karpalgelenk, Hüfte, Knie und Sprunggelenk. Diese Übung benötigt Kraft, Eigenkontrolle, eine gute Balance, Aktivität der Rumpfmuskulatur, verstärkte Rotation im mittleren Rücken, gute räumliche Wahrnehmung, Tiefensensibilität und Gehirn-Huf-Koordination.

7

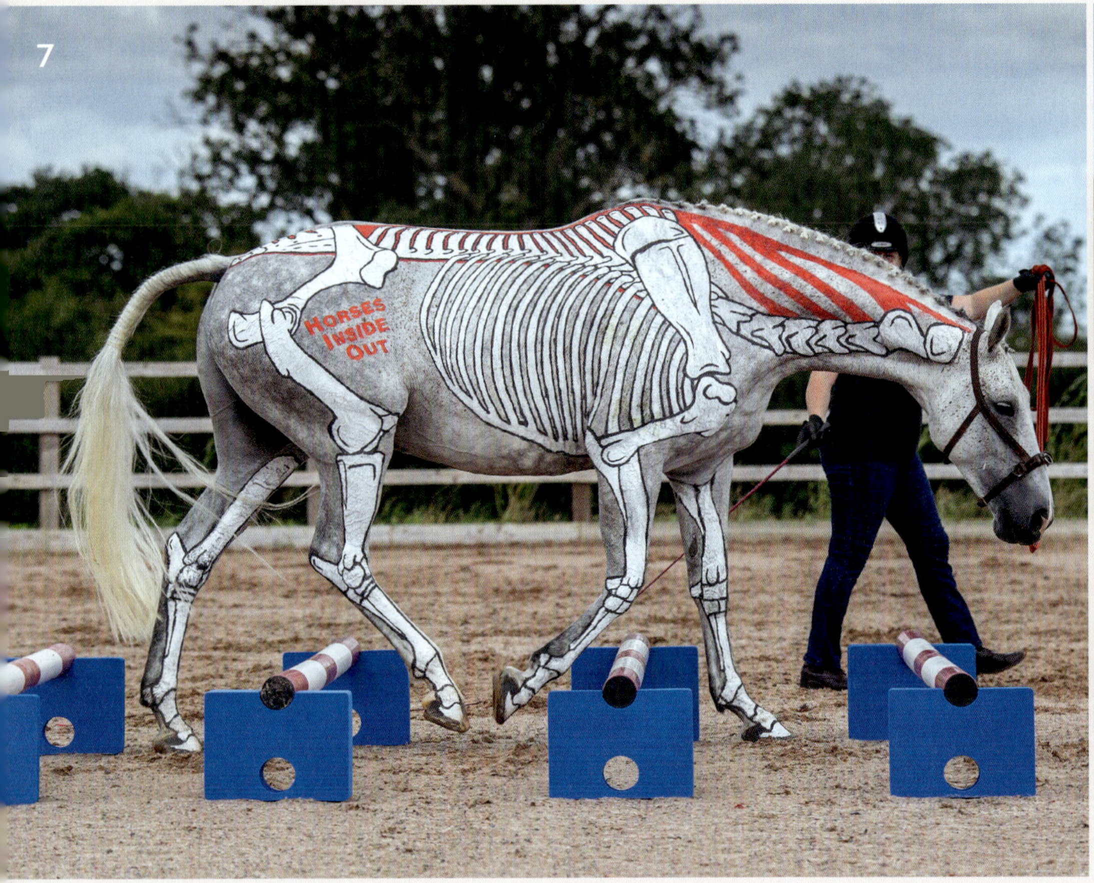

8

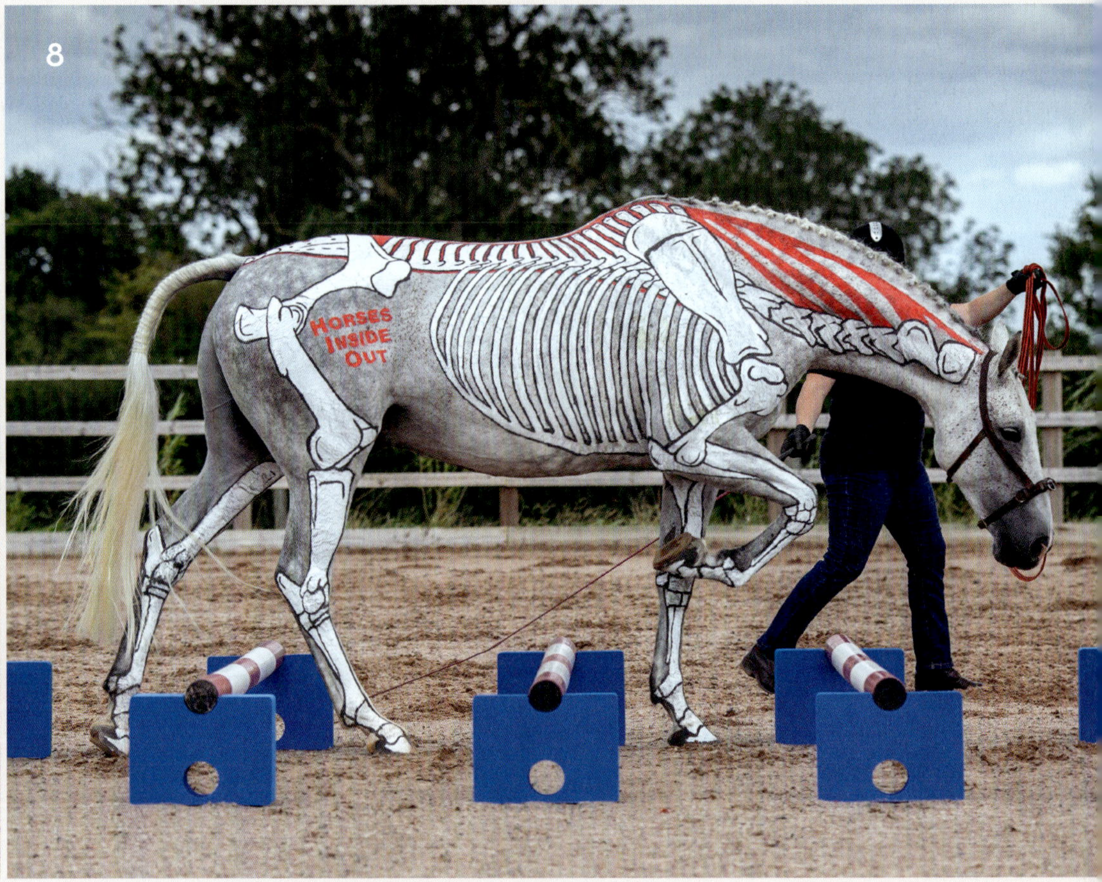

Video

Das dazugehörige Video zeigt Vielseitigkeitspferde während der Stangenarbeit im Schritt.

004 **VIDEO** Stangenarbeit

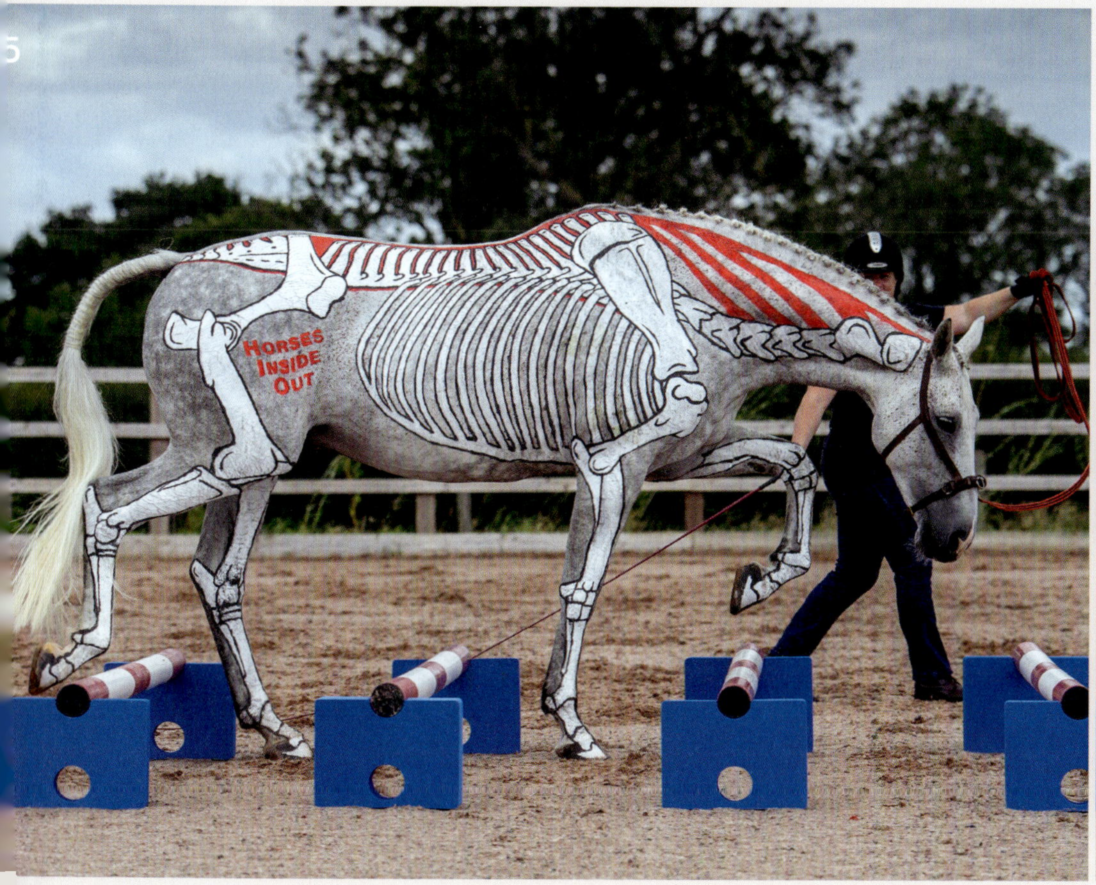

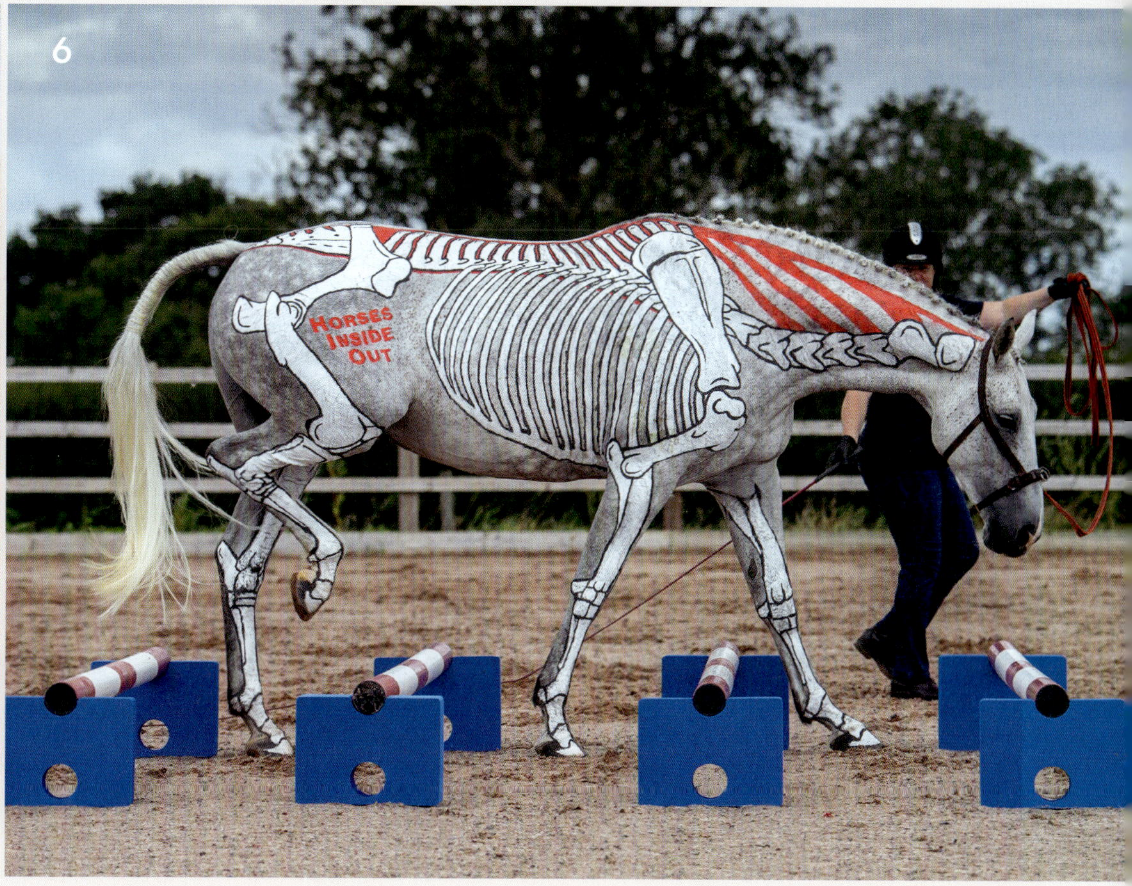

5. SPANISCHER SCHRITT

Der spanische Schritt kann auch als „Luft-Boden-Aktion“ bezeichnet werden, wenn die Vorderbeine langsam und absichtsvoll hoch und weit nach vorne gestreckt werden. Damit demonstrieren die Pferde Flexibilität, Eleganz und Reichweite. Die Bewegung im spanischen Schritt kommt hauptsächlich aus der Schulter und dem Ellenbogen. Ein hoch getragener Kopf ist eine Voraussetzung, um Balance und Kontrolle der Muskulatur zu ermöglichen.

Schlüsselbeobachtungen
Achten Sie auf die vertikale Stellung des zweiten bis fünften Halswirbels.

Video

Das dazugehörige Video zeigt ein Showpferd an der Hand beim spanischen Schritt.

005 **VIDEO**
Spanischer Schritt

Schlüsselbeobachtungen
Achten Sie durch die Bewegungsabfolgen hindurch auf die jeweils parallele Stellung vom hinteren Röhrbein und dem diagonal entgegengesetzten vorderen Radius.

1
HORSES
INSIDE
OUT

2
HORSES
INSIDE
OUT

6. TRAB

Ein guter Trab zeichnet sich durch Takt, Gleichmaß, Kadenz, mentale und physische Losgelassenheit, Harmonie und Schwung aus. Mit einem Moment der Anspannung und den diagonal bewegten Vorder- und Hinterbeinen in jeder Bewegungsphase, hat der Trab eine große Variationsmöglichkeit bei Tempo und Ausdruck. Die zentrale Körpermasse bewegt sich in der Schwebe- bzw. Stützphase nach oben und nach unten. Dabei kommt es zu passiver Beugung und Streckung im Rücken, welche mit beeinflusst wird durch das Gewicht des Reiters und der Art des Trabs. In der Stützphase strecken sich Muskeln, Faszien, Sehnen und Ligamente, um den zusätzlichen Druck in den Gelenken beim Auffußen aufzufangen. Der nachfolgende Abdruck trägt in großem Maße zum Schwung bei. Die Bilder zeigen einen starken Trab.

HORSES
INSIDE
OUT

7

8

Video

Das dazugehörige Video zeigt verschiedene Pferde in unterschiedlichen Trabstilen.

006 **VIDEO** Trab

7. PASSAGE

Die Passage ist eine hoch aufgerichtete, versammelte und schon fast Zeitlupenversion des Trabs. Im Bereich des Rückens und Halses besteht eine passive Beugung und Streckung, wenn der gesamte Körper sich hoch und runter bewegt. Die diagonalen Gliedmaßen werden sehr hoch gehoben und für eine längere Zeit angespannt in der Schwebephase gehalten. Um diese Bewegung mit Leichtigkeit und Ausdruck in der Vorhand auszuführen, müssen der Körperschwerpunkt leicht nach hinten geschoben und die Hinterbeine stärker gebeugt und unter den Körper gestellt werden, um das Gewicht in der Stützphase aufzufangen. Dies benötigt Kraft, starke und gut ausgebildete Muskeln, Balance und Reife. Die Herausforderung ist dabei, während der gesamten anstrengenden Bewegung Aufrichtung, Energie und Kraft sowie Losgelassenheit und Entspannung zu zeigen.

Schlüsselbeobachtungen

Achten Sie auf die fast horizontale Position des Radius und der Vorhand während der Schwebephase.

Video

Das dazugehörige Video zeigt Dressurpferde in der Passage.

007 VIDEO Passage

HORSES
INSIDE
OUT
ALBION

3
HORSES
INSIDE
OUT
ALBION

4
HORSES
INSIDE
OUT
ALBION

HORSES
INSIDE
OUT
ALBION

6
HORSES
INSIDE
OUT
ALBION

7
HORSES
INSIDE
OUT
ALBION

Schlüsselbeobachtungen
Achten Sie auf die Stellung der Schweifbasis und den Übergang der Brust- in die Lendenregion, während das Becken kippt und sich der Körperrahmen zusammenschiebt.

3

4

1
HORSES
INSIDE
OUT

2
HORSES
INSIDE
OUT

HORSES
INSIDE
OUT
ALBION

8. PIAFFE

Die Piaffe ist eine sehr fortgeschrittene, versammelte Dressurlektion, die einen verkürzten Körperrahmen und so gut wie keine Vorwärtsbewegung zeigt. Die Hinterhand ist abgesenkt und der Körperschwerpunkt nach hinten verschoben. Dadurch muss die Hinterhand mehr Gewicht aufnehmen und die Gelenke der Hinterhand sowie das Lumbosacralgelenk sind stärker gebeugt. Diese Bewegung verlangt eine große Muskelkraft und Kondition. Beugung in der Hüfte und den Gelenken der Hinterbeine ermöglicht Schwung nach oben, einen größeren Bewegungsrahmen, Leichtigkeit in der Vorhand und einen leicht aufwärts gerichteten Körperrahmen sowie hohe Bewegungsmöglichkeit in der Vorhand und die Möglichkeit, von hinten zu tragen.

7
HORSES
INSIDE
OUT

8
HORSES
INSIDE
OUT

Video

Das dazugehörige Video zeigt Dressurpferde während einer Piaffe unter dem Reiter und ein Showpferd bei einer Piaffe an der Hand.

008 **VIDEO**
Piaffe

9. TÖLT

Tölt ist eine einzigartige Viertakt-Bewegung, zum Beispiel bei Islandpferden, bei der der Kopf hoch getragen wird und die Vorderbeine großrahmige Bewegungen zeigen. Es gibt keine Schwebephase und die Fußfolge ist dieselbe wie im Schritt. Geschwindigkeit und der relativ unbewegte Hals und Rücken ermöglichen die Stabilität für die Bewegung der Gliedmaßen. Die reduzierte Bewegung im Rücken macht diese Gangart sehr angenehm und komfortabel. Pferde können dabei eine Geschwindigkeit von bis zu 32 km/h erreichen. Tölt findet man auch beim American Saddlebred („Rack“ genannt), dem Paso Fino („Largo“ genannt) und dem Tennessee Walking Horse („running walk“ genannt).

Schlüsselbeobachtungen

Achten Sie auf die stabile Position von Hals und Kopf im Verhältnis zu der raumgreifenden Bewegung der Vordergliedmaßen.

Video

Das dazugehörige Video zeigt zwei Islandpferde, die einen langsamen und einen schnellen Tölt zeigen.

009 **VIDEO**
Tölt

Schlüsselbeobachtungen
Achten Sie auf die horizontale Position von Radius und Tibia in der Schwungphase, während das Rückgrat ruhig auf einer Höhe bleibt.

1

2

10. CAVALETTI-TRAINING IM TRAB

Wenn die Cavaletti in passender Distanz und Höhe gesetzt werden, ist Cavaletti-Training im Trab für Pferde aller Disziplinen sehr sinnvoll für Training und Rehabilitation. Wenn es korrekt durchgeführt wird, wird das Pferd angeregt, Halsbasis und Rücken anzuheben und intensiv und gleichmäßig von hinten zu schieben. Dafür benötigt es eine kräftige Rumpfmuskulatur, um den Rücken zu stabilisieren. Stangenarbeit im Trab vergrößert den Bewegungsrahmen der Gelenke und verbessert Symmetrie und Geraderichtung, Bewegungsvariabilität, Eigenwahrnehmung, Kraft, Ausdruck, Schubkraft und die Gehirn-Huf-Koordination.

7

8

Video

Das dazugehörige Video zeigt vier verschiedene Pferde im Trab während des Cavalettitrainings unter dem Reiter und an der Longe.

010 **VIDEO**
Cavalettitraining im Trab

6

11. RENNPASS

Rennpass wird nur über kurze Distanzen geritten und die Pferde können dabei eine Geschwindigkeit von bis zu 45 km/h erreichen. Der Rennpass der Islandpferde ist eine laterale Gangart im Zweitakt, bei der die Vorder- und Hinterbeine der gleichen Seite parallel in Schwebe- und Stützphase bewegt werden. Im Vergleich zum Trab führen diese zwei Stützphasen im Bewegungszyklus zu einer gesteigerten Bewegung im seitlichen Rücken und einer Rotationsbewegung durch den Körper, wenn sich die Körpermasse von links nach rechts bewegt. Diese Gangart zeigen auch Amerikanische Traber, die dabei zu einer raumgreifenden Schwebephase neigen.

Schlüsselbeobachtungen
Achten Sie auf das fast parallele Verhältnis zwischen hinterem Röhrbein und vorderem Radius der gleichseitigen Gliedmaßen durch den kompletten Bewegungszyklus hindurch.

Video

Das dazugehörige Video zeigt zwei Islandpferde im Rennpass.

011 **VIDEO**
Rennpass

Schlüsselbeobachtungen
Das diagonale Auffußen ist ein Indikator für echten Galopp.

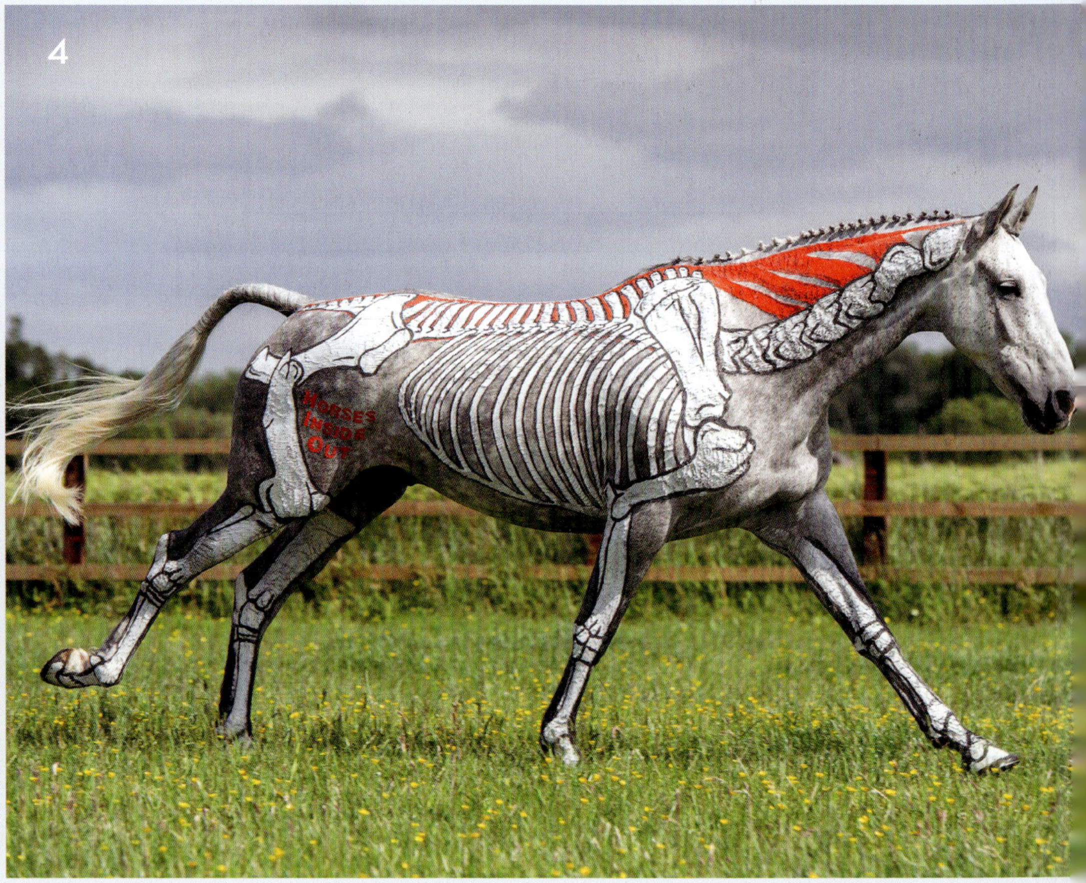

1

2

12. GALOPP

In dieser asymmetrischen Dreitakt-Bewegung mit einer Schwebephase schwingt der Pferdekörper zwischen Hinterhand und Vorhand hin und her, und der Rücken wird dabei mobilisiert. Es kommt bei jedem Galoppsprung zu einer aktiven Beugung und Streckung im Rücken und im Lumbosacralgelenk, zusammen mit einer konzentrischen Verkürzung der Bauchmuskeln. Dies ist eine effektive Gangart, um die Bauchmuskeln und die Muskeln der Thoraxschlinge zu aktivieren und sie dafür fit zu machen, das Gewicht des Reiters zu tragen. So wie die Geschwindigkeit bei dieser Gangart zunimmt, nimmt auch die Belastung der Gliedmaßen zu und es kommt zu einem stärkeren Abfedern durch das Weichteilgewebe der Gelenke wie Sehnen oder Ligamente.

HORSES
INSIDE
OUT

7

8

Video

Das dazugehörige Video zeigt Dressurpferde aus verschiedenen Blickwinkeln im versammelten und starken Galopp sowie im Mittelgalopp und Arbeitsgalopp. Ein Vielseitigkeitspferd galoppiert frei und ein Westernpferd zeigt einen entspannten Lope.

012 **VIDEO**
Galopp

13. RÜCKWÄRTSRICHTEN

Rückwärtsrichten an der Hand und unter dem Reiter sollte eine Zweitakt-Bewegung sein, bei der die Gliedmaßen in diagonalen Paaren arbeiten. Um die Bewegung gut auszuführen, muss das Pferd mehr Gewicht auf die Hinterhand legen und durch die Schrittphase hindurch eine stärkere Beugung in den Gelenken der Hintergliedmaße, dem Lumbosacralgelenk und dem Rücken durchhalten. Wenn sie korrekt durchgeführt wird, mit Schwung und Entspannung im Wechsel und einem tief getragenen Kopf, verstärkt die Rückwärtsbewegung die Rotation der Brustwirbel, trainiert die Rumpfmuskulatur, die Muskeln der Thoraxschlinge und die der Hüftbeuger. Dazu wird die Beweglichkeit des Rückens und die Fähigkeit zu Versammlung und einer guten Stellung verbessert.

Schlüsselbeobachtungen

Achten Sie auf den tief getragenen Kopf und die verstärkte Beugung in Lumbosacralgelenk, Rücken und den Gelenken der Hinterhand, während die Hinterbeine unter den Körper geschoben werden.

Video

Das dazugehörige Video zeigt Rückwärtsrichten an der Hand und unter dem Reiter.

013 VIDEO Rückwärtsrichten

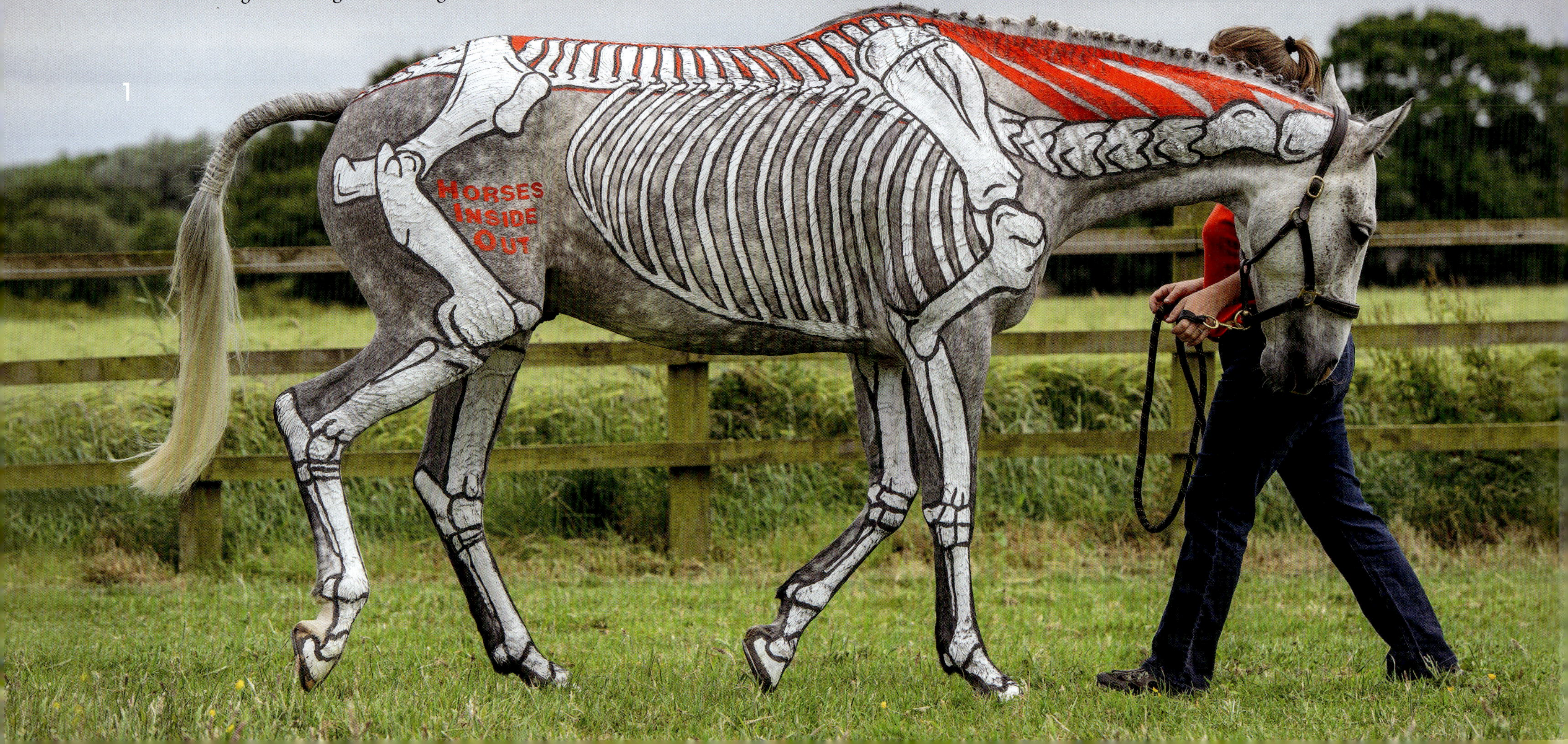

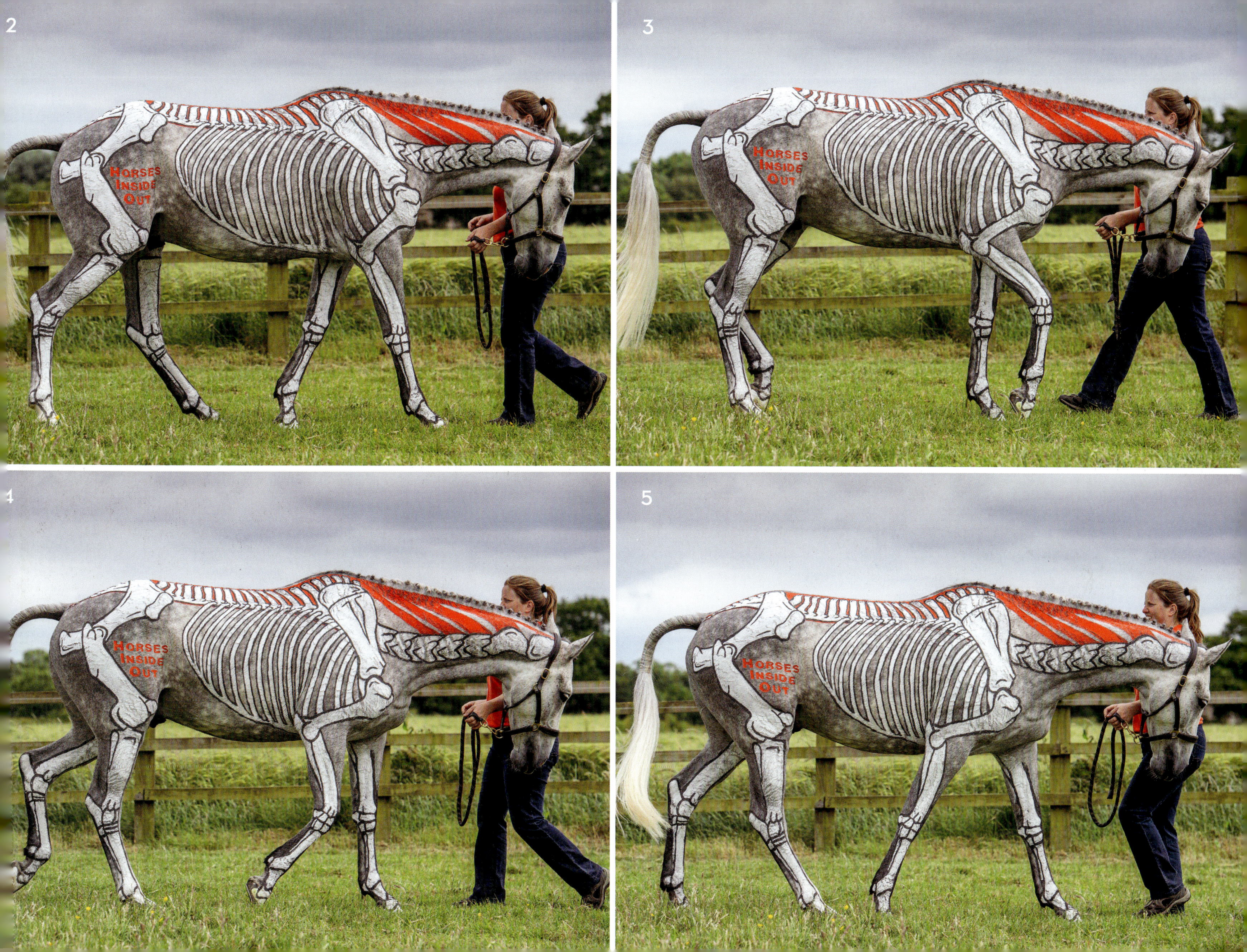
2
Horses Inside Out
3
Horses Inside Out
4
Horses Inside Out
5
Horses Inside Out

Schlüsselbeobachtungen
Achten Sie auf das Verhältnis zwischen Kopf, Hals, Hüfte und Lumbosacralgelenk.

1
HORSES
INSIDE
OUT

2
HORSES
INSIDE
OUT

HORSES
INSIDE
OUT

14. RENNGALOPP

Beim Renngalopp bewegt sich das Pferd wie eine Wildkatze und zeigt größtmöglichen Bewegungsradius in Rücken, Becken, Hüfte und Lumbosacralgelenk sowie die maximal mögliche Streckung der Gliedmaßen. Renngalopp ist eine raumgreifende, asymmetrische Viertakt-Bewegung, gefolgt von einer Schwebephase. Verschiebungen des Körperschwerpunktes, Hüftbewegung, dynamische Balance und Beschleunigung werden beeinflusst durch extreme Kopf- und Hals-Streckung (Bild 2 und 7) sowie Kompression (Bild 1 und 6). Aktivierung des Nervensystems, Kontraktion der Muskeln, Schwung sowie Streckung und Zusammenziehen der tragenden Strukturen nehmen zu, während das Pferd beschleunigt, um maximale Geschwindigkeit und Schrittlänge zu zeigen. Muskeln, Faszien, Sehnen und Ligamente stehen unter großer Belastung, wenn sie Energie für den Absprung aufbauen.

7
HORSES
INSIDE
OUT

8
HORSES
INSIDE
OUT

Video

Das dazugehörige Video zeigt eine Reihe von verschiedenen Vielseitigkeitspferden im Renngalopp.

014 **VIDEO**
Renngalopp

15. ÜBERGÄNGE

Übergänge, egal ob nach oben oder unten, zwischen oder innerhalb einer Gangart, benötigen einen aktiven Wechsel in der Schrittfolge, in der Geschwindigkeit oder Gangart. Wenn sie korrekt ausgeführt werden, bleibt die Position des Widerrists im Verhältnis zur Kruppe konstant und sie sind eine gute Übung für die Kräftigung der Muskulatur, besonders für Tragen, Kontrolle und Stellungsfähigkeit der Hinterhand. Ein Verständnis der Biomechanik der Schrittfolge und des Wechsels in der Balance ist nötig, um einen guten Übergang zu reiten. Übergänge benötigen Konzentration und werden sanft mit guter Vorbereitung geritten; Hilfen und Reaktionen des Reiters müssen zeitgenau erfolgen. Ein scheinbar anstrengungsloser und harmonischer Übergang ist der Schlüssel, um Anlehnung, Kraft, Balance, Körperkontrolle und eine gute Stellung zu erreichen.

Schlüsselbeobachtungen

Übergänge werden dann durchgeführt, wenn das diagonale Fußpaar aufgesetzt ist.

Video

Im dazugehörigen Video zeigen mehrere Dressurpferde Übergänge in eine andere Gangart oder zum Halten.

015 VIDEO
Übergänge

2
3
4
7
8
9
HORSES INSIDE OUT
ALBION

Schlüsselbeobachtungen

Achten Sie darauf, wie sich die gleichseitigen Gliedmaßen während der Schwebephase bewegen (Bilder 4 bis 6).

3

4

1

2

ALBION
HORSES
INSIDE
OUT

16. FLIEGENDE WECHSEL

Fliegende Wechsel sind eine beeindruckende Bewegungsabfolge, in denen das galoppierende Pferd während der Schwebephase von einer Hand auf die andere wechselt. Um eine Abfolge von Fliegenden Wechseln hintereinander zu zeigen, benötigt ein Pferd Balance, Koordination, mentale und physische Kontrolle und Geraderichtung. Der Fliegende Wechsel selber ist kein standardmäßiger Galoppsprung. Technisch gesehen bewegen sich die Gliedmaßen gleichseitig vorwärts anstatt in der Diagonalen. Dies wird besonders deutlich, wenn nur ein Wechsel erfolgt.

7

8

Video

Das dazugehörige Video zeigt Dressurpferde bei Fliegenden Wechseln und Tempowechseln (Vierer-, dreimal Zweier- und Einerwechsel).

016 **VIDEO**
Fliegende Wechsel

17. SCHENKELWEICHEN

Schenkelweichen ist eine Basisübung für Kraft, Geschicklichkeit und Losgelassenheit. Das Pferd bewegt sich dabei seitlich und vorwärts, während es eine seitliche Biegung durch Hals und Körper weg von der Bewegungsrichtung zeigt. Die Beine kreuzen die Mittellinie in der Adduktion unter den Körper, und kreuzen sie nach außen weg vom Körper in der Abduktion. Die Bewegung der Hinterbeine kommt aus dem Hüftgelenk, während die Bewegung der Vorderbeine primär aus dem Schultergelenk und sekundär aus der relativen Position des Schulterblattes zum Widerrist kommt.

Schlüsselbeobachtungen

Achten Sie auf die parallele Stellung bei den Knochen der Gliedmaßen im jeweils diagonalen Paar, während sie sich durch Adduktion und Abduktion bewegen.

Video

Im dazugehörigen Video sehen Sie jeweils von vorne und hinten zwei fortgeschrittene Vielseitigkeitspferde, welche Schenkelweichen im Schritt, Trab und Galopp zeigen.

017 **VIDEO** Schenkelweichen

1

2
3
4
6
7

Schlüsselbeobachtungen

Vergleichen Sie die relative Position des oberen Endes des Widerrists und der Kreuzbeinhöcker, während das Pferd von hinten nach vorne schwingt.

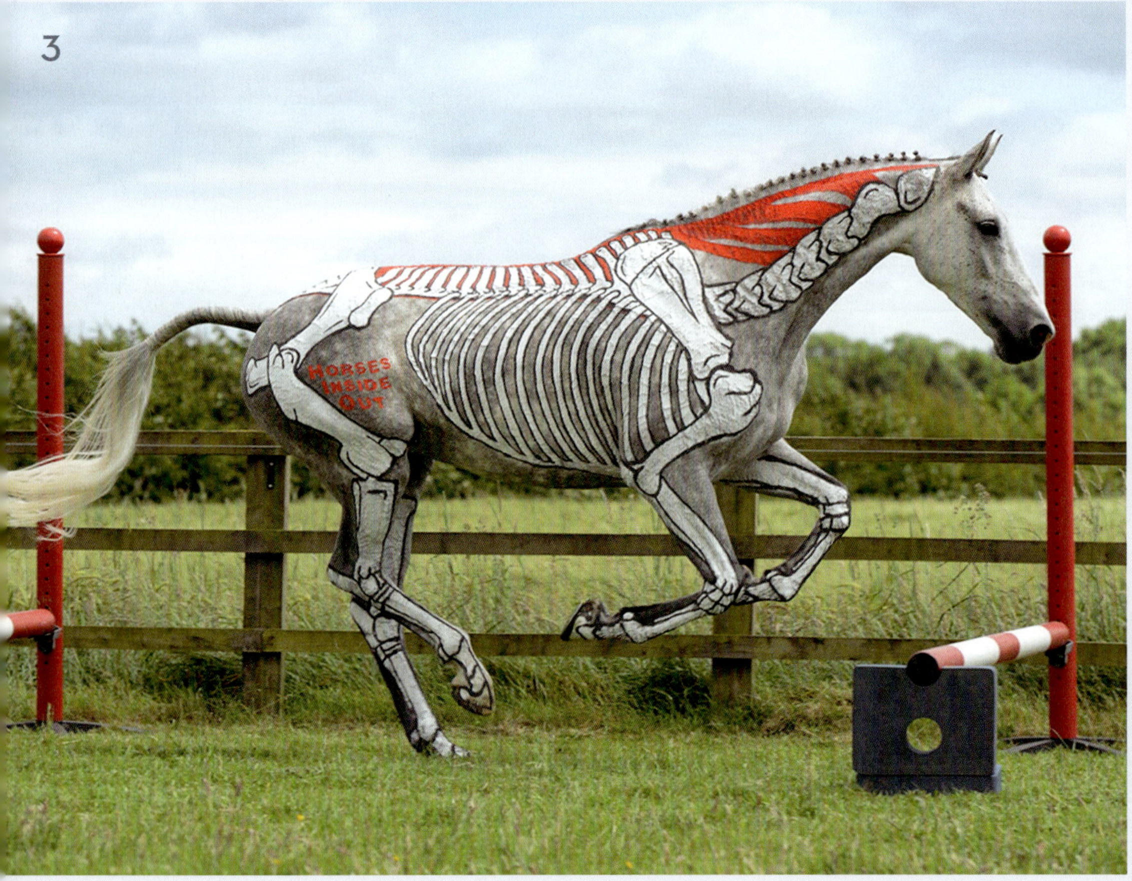

1

2

18. CAVALETTI-TRAINING IM GALOPP

Die Schaukelbewegung bei dieser plyometrischen Übung verlangt eine starke Muskulatur in Rücken und Abdomen, eine starke Thoraxschlingenmuskulatur und starke Muskulatur in der Hinterhand. Hinter dem Begriff Plyometrie versteht man oft nur Sprungübungen, aber letztlich sind alle Übungen, die auf dem Dehnungs-Verkürzungs-Zyklus (DVZ) beruhen, plyometrische Übungen. Beim plyometrischen Training wird die Muskulatur zunächst gelängt/gedehnt (exzentrisch) und anschließend wieder verkürzt (konzentrisch).

Aufgrund der aktiven Beugung und Streckung in der Brust- und Lendenregion sowie im Lumbosacralgelenk, verbessert Cavaletti-Training im Galopp Balance, Wahrnehmung, Sprungfähigkeit und Koordination. Wenn das Pferd von der Hinterhand auf die Vorhand springt und der Brustkorb sich in der Absprung- und Landephase zwischen den Vorderbeinen hoch und runter bewegt, kommt es zu einer Unterbrechung in der Arbeit des diagonalen Beinpaares und eine zweite Schwebephase tritt ein. Obwohl es eine gute Übung zur Kräftigung der Muskulatur ist, sollte Cavaletti-Training im Galopp nicht übertrieben werden. Wegen der zusätzlichen Kraft, die auf die Gliedmaßen einwirkt, sollten diese Übungen nicht mit Pferden gemacht werden, die zu Sehnenschäden und Verletzungen der unteren Gliedmaßen neigen.

HORSES
INSIDE
OUT

7

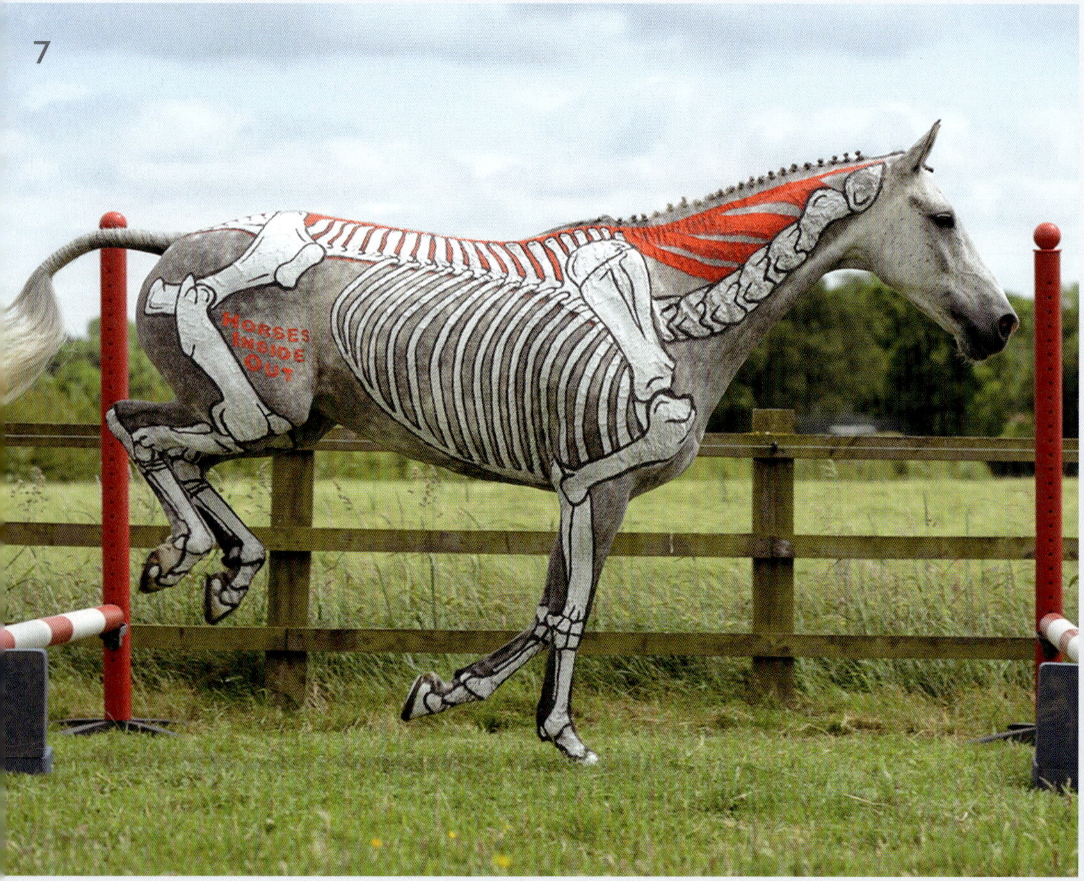

8

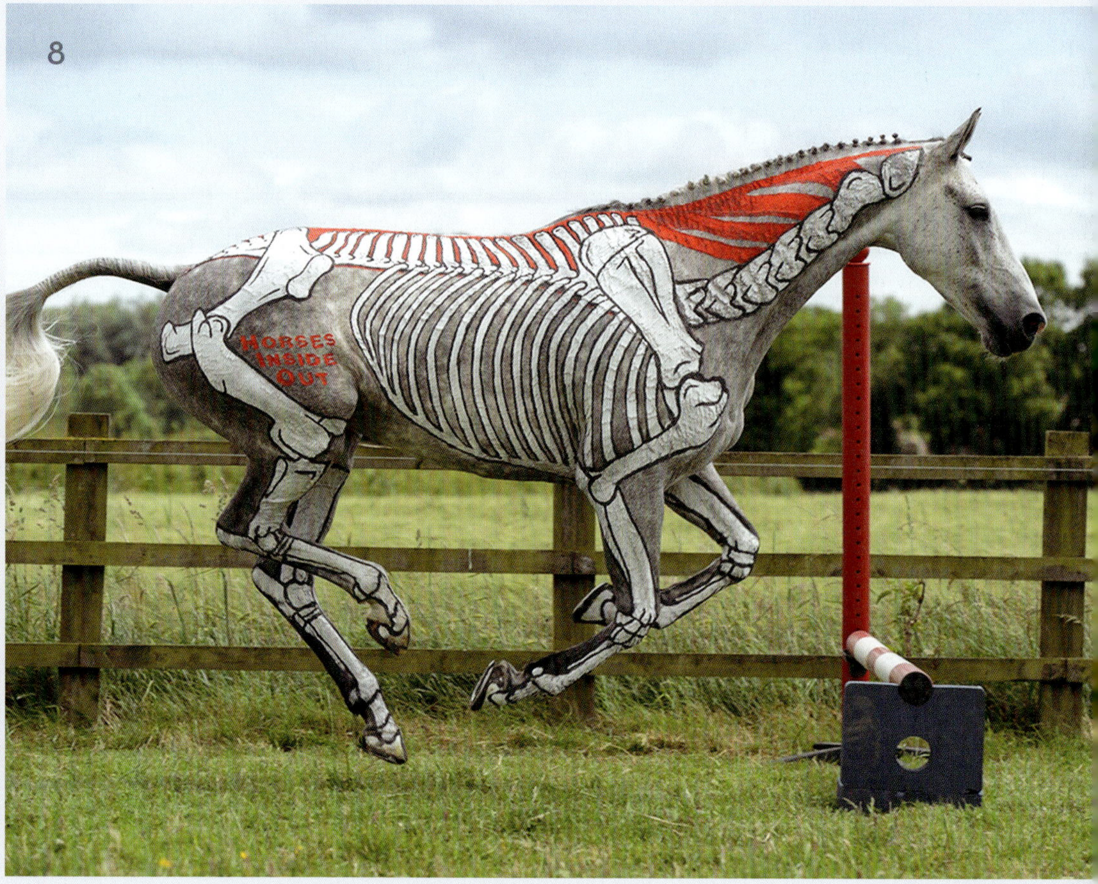

Video

Auf dem dazugehörigen Video sehen Sie Vielseitigkeitspferde, die sowohl Cavalettitraining im Galopp zeigen als auch durch Wasser galoppieren.

018 **VIDEO**
Cavalettitraining im Galopp

5

6

19. TRAVERSALE

Traversalen sind die komplexesten und herausfordernsten Seitengänge. Das Pferd muss sich vorwärts und seitlich bewegen, während es eine seitliche Biegung durch den Hals und Körper in der Bewegungsrichtung hält. Dies erfordert Balance, Takt, Schwung, Kraft und Losgelassenheit. Die Bewegung wird aus dem Zusammenspiel von Rückgrat, Becken, Hüfte, Schulter und Brustkorb generiert. Die beeindruckende Abduktion und Adduktion der Gliedmaßen kommt schwerpunktmäßig aus den Schulter- und Hüftgelenken. Traversalen können im Schritt, Trab oder Galopp durchgeführt werden und ihre Ausführung hängt auch vom Grad der Dehnung und der Kontrolle der Muskelketten auf der Außenseite der Biegung ab.

Schlüsselbeobachtungen

Achten Sie auf die Position der Vorderbeine, welche in der diagonalen Linie leicht vor den Hinterbeinen stehen. Dies gibt eine Information über die seitliche Biegung durch das Rückgrat.

Video

Das dazugehörige Video zeigt ein fortgeschrittenes Dressurpferd während Traversalen von der Seite und einige Vielseitigkeitspferde während Traversalen im Schritt, Trab und Galopp von vorne und hinten.

019 VIDEO Traversale

1

2
3
4
6
7

Schlüsselbeobachtungen

Achten Sie auf den Winkel zwischen hinterem Röhrbein und Boden beim Absprung, und die Komprimierung des Körpers über dem gesamten Sprung.

1

2

20. STEILSPRUNG

Die Kombination aus Vorwärtsbewegung und Abdrücken in die Luft benötigt Anpassung an die Situation, Koordination, Stärke und mentale Bereitschaft. Ein gutes Verhältnis zwischen Kraft und Gewicht erlaubt die Kompression des Körperrahmens, zeigt die nötige Absprungkraft und die Fähigkeit, die Vorhand anzuheben. Hohe Sprünge und kurze Distanzen generieren einen steilen Winkel bei Absprung und Landung, und deshalb benötigen die Pferde gute Versammlung, Kontrolle, explosive Kraftentwicklung und Reichweite. Kräfte werden besonders im Beckenbereich und vorderen Brustbereich erzeugt. Bei der Landung kommt es durch die vertikale Orientierung zunächst zu einer Überstreckung im Fesselgelenk und im Karpalgelenk, denn die gestreckte Vorhand absorbiert die meiste Kraft. Der Reiter sowie Einschränkungen durch die Ausrüstung des Pferdes können diesen Effekt weiter verstärken.

7

8

Video

Im dazugehörigen Video sehen Sie Vielseitigkeits- und Showpferde, geritten und frei, die Steilsprünge sowohl einzeln als auch in Kombination zeigen.

020 **VIDEO** Steilsprung

21. PESADE

Wenn die Vorhand angehoben wird, das Gewicht auf der Hinterhand liegt und der Körper ungefähr einen 45°-Winkel zum Boden hat, nennt sich das Pesade. Sie ist eine klassische Dressurübung über dem Boden, die nicht in Turnieren gezeigt wird. Die Pesade ähnelt der Levade, welche einen 35°-Winkel anstrebt und mit stärkerer Winkelung in der Hinterhand deutlich schwieriger ist. Das Pferd muss körperlich ausgewachsen sein, und eine sehr gute Balance, eine sehr präzise Bewegungskontrolle, Kraft, gute Beweglichkeit in den Gelenken sowie sehr starke Rücken- und Glutealmuskeln besitzen. Die Pesade wird heute hauptsächlich für Shows oder als Zirkustrick trainiert.

Schlüsselbeobachtungen

Achten Sie auf den sich verändernden Winkel im Sprunggelenk, wenn die Hinterhand das Gewicht trägt.

Video

Das dazugehörige Video zeigt ein Showpferd bei einer Pesade an der Hand.

021 **VIDEO**
Pesade

2

HORSES
INSIDE
OUT

3

HORSES
INSIDE
OUT

5

HORSES
INSIDE
OUT

6

HORSES
INSIDE
OUT

Schlüsselbeobachtungen
Bewundern Sie die Aktion der Hinterhand, wenn beide Gliedmaßen parallel arbeiten, um die Vorhand beim Anheben und beim Absprung zu unterstützen.

1

2

22. IN-OUT-SPRUNG

Das Pferd springt über das erste Hindernis und nach der Landung direkt über das zweite Hindernis. Es liegt kein Galoppsprung zwischen den Hindernissen. Diese plyometrische Übung trainiert und kräftig Sehnen, Ligamente und die Muskeln von Thoraxschlinge, Rücken und Hinterhand, welche exzentrisch kontrahiert werden. Bei einer technisch perfekten Ausführung solcher Sprünge drückt die Vorhand sich kraftvoll und schnell wieder ab, denn bei der Landung werden die Gliedmaßen der Hinterhand zügig an die Stelle der Vorderbeine gesetzt. Dies führt zu einer Art Schaukelbewegung, weil das Gewicht kontinuierlich zwischen hinten und vorne hin und her geschoben wird. Diese anstrengende Übung verbessert die Leistungsfähigkeit des Nervensystems, erhöht Spannung im Körper und Kraft in der Muskulatur, und trainiert mentale und körperliche Beweglichkeit sowie Auge-Huf-Koordination.

7

8

Video

Im dazugehörigen Video sehen Sie Vielseitigkeitspferde, die mehrere Sprünge hintereinander frei und unter dem Reiter zeigen.

022 **VIDEO**
In-Out-Sprung

23. SLIDING STOP

Der Sliding Stop hat seine Entstehungsgeschichte in der Arbeit mit Rindern in Amerika, und ist eine der spektakulärsten Bewegungsabfolgen beim Westernreiten. Die Pferde tragen dabei spezielle Hufeisen, um Reibung zu minimieren. Es kommt zu einem vollständigen Abstoppen aus einem starken Galopp heraus, indem die Hinterbeine fest in den Boden gedrückt werden, während die Vorderbeine sich weiter nach vorne bewegen und das Pferd leicht weiterrutscht. Lumbosacralgelenk und die Hüftgelenke sind dabei gebeugt, um die Hinterbeine so weit wie möglich nach vorne unter den Körper zu schieben. Gleichzeitig sind Knie und Sprunggelenke angespannt und massiv gestreckt. Dieses Manöver benötigt eine extrem exzentrische Muskelkontraktion, um die dabei entstehende Kraft aufzufangen und es zeigt, wie weit das Lumbosacralgelenk gebeugt werden kann.

Schlüsselbeobachtungen

Achten Sie auf die maximale Beugung im Lumbosacral- und Hüftgelenk zusammen mit der gestreckten Position von Knie und Sprunggelenk, während die Hinterbeine angespannt unter den Körper geschoben werden.

Video

Das dazugehörende Video zeigt ein Westernpferd bei der Ausführung eines Sliding Stop.

023 **VIDEO** Sliding Stop

3
4
5
8
9
HORSES INSIDE OUT

Schlüsselbeobachtungen
Das Verhältnis zwischen der Verlängerung des Halses und der maximalen Hüftstreckung beim Absprung ist der Schlüssel für einen erfolgreichen Sprung.

1

2

24. HOCHWEITSPRUNG

Um ein breites Hindernis erfolgreich zu überspringen, braucht es Schwung, eine positive mentale Einstellung, eine gute Beurteilung des Hindernisses durch Pferd und Reiter, gute Kondition, Stärke in der Rumpfmuskulatur und Beweglichkeit. Um erfolgreich zu sein und maximale Höhe zu erreichen, muss das Pferd die Hinterbeine zunächst gut unter den Körper bringen, sich dann gut abdrücken und die Hinterbeine ausstrecken, sich über den Rücken strecken und den Körperrahmen verlängern. Die Hinterhand bestimmt maßgeblich die Flugbahn. Verlängerung und Streckung des Halses beim Absprung ist besonders wichtig, um maximale Hüftstreckung und maximalen Schub zu erreichen. Ein breites Hindernis mit einem kurzen Sprung anzureiten, fördert eine abfallende flache Flugbahn.

7

8

Video

Das dazugehörende Video zeigt Pferde beim Springen von Tripplebarren, sowohl frei als auch unter dem Reiter, und beim Sprung über Naturhindernisse.

024 **VIDEO**
Hochweitsprung

25. ABWÄRTSSPRÜNGE

Der Absprung von einer erhöhten Stufe nach unten benötigt exzentrische Muskelkontraktion, um Schwung und Druck aufzufangen, Stabilität beim Landen, Gewichtskontrolle und kontrollierte langsame Bewegungen. Das Pferd muss gegen die Schwerkraft arbeiten. Zu Beginn senkt es seinen Kopf, um das Hindernis auszutarieren, und bringt dann die Hinterhand weit unter den Körper, um beim Absprung lang genug auf der erhöhten Stufe zu verbleiben. Dies ermöglicht dem Pferd, mehr Gewicht in der Hinterhand zu halten und exzentrisch die Vorhand abzusenken. Um die Balance zu halten, während die Vorderbeine nach unten gehen und der Absprung beginnt, wird der Kopf wieder angehoben. Die Hinterbeine verlassen die Stufe, gehen in Kontakt mit dem Boden und geben Kraft nach unten ab, um die Vorhand anzuheben, die Balance wiederherzustellen und dann einen normalen Galoppsprung zu ermöglichen. Absprünge von einem erhöhten Hindernis üben einen enormen Druck auf alle Körperstrukturen aus, besonders auf die Thoraxschlinge und den Brustbereich vor den Pauschen. Die Kraft, welche bei der Landung entsteht und über die Gliedmaßen nach oben geführt wird, trifft auf das herunterdrückende Gewicht von Reiter, Rumpf und Sattel.

Schlüsselbeobachtungen

Achten Sie darauf, wie das Pferd seinen Hals positioniert, um den Körperschwerpunkt zu beeinflussen und zu balancieren.

Video

Im dazugehörigen Video sehen Sie Vielseitigkeitspferde, die eine Vielzahl von Absprüngen von Naturhindernissen und Stufen zeigen.

025 **VIDEO**
Abwärtssprünge

2
HORSES INSIDE OUT
3
HORSES INSIDE OUT
4
HORSES INSIDE OUT
HORSES INSIDE OUT
6
HORSES INSIDE OUT
7
HORSES INSIDE OUT

Schlüsselbeobachtungen
Achten Sie auf den Winkel der vorderen Röhrbeine beim Absprung und bei der Landung.

1

2

HORSES INSIDE OUT

26. AUFWÄRTSSPRÜNGE

Beim Aufspringen auf ein erhöhtes Hindernis liegt der Fokus auf Schub nach oben. Ein Aufsprung verlangt Muskelkraft, Kontrolle und Balance. Der Brustkorb wird beim Absprung nach oben geschoben, indem sich die Vorderbeine zunächst kräftig vom Boden abdrücken. Die Hinterbeine schieben dann stark nach und landen knapp hinter den Vorderbeinen auf der Erhöhung. Der Kopf muss die Freiheit haben, sich nach vorne zu strecken, damit sich die Vorderbeine weit ausstrecken können für die Balance. Bei der Landung nach einem Sprung über ein Hindernis auf flachem Boden fußen die Vorderbeine aufrecht. Bei einem Aufsprung fußen sie stattdessen in einem Winkel. Dies bedeutet eine geringere Absorption des Drucks im Boden bei der Landung. Wenn der Schwung das Pferd nach oben bringt, ziehen die Vorderbeine den Körper quasi aufwärts und vorwärts in die Richtung der Bewegung. Die Position des Reiters ist sehr wichtig, um das Pferd bei Sprüngen auf ein erhöhtes Hindernis zu unterstützen.

7

8

Video

Das dazugehörige Video zeigt ein Vielseitigkeitspferd bei einer Reihe von verschiedenen Aufsprungkombinationen.

026 **VIDEO**
Aufwärtssprünge

27. KAPRIOLE

Die Kapriole ist eine Dressurübung in der Luft, die selten gezeigt wird, denn sie braucht immense Muskelkraft und Körperspannung sowie starke Gelenke. Bevor man mit dem Training für die Kapriole starten kann, muss ein Pferd zunächst gelernt haben, die Gelenke der Hinterhand zu beugen und Gewicht über die Kruppe tragen. Hierzu dient das Training von Piaffe und Levade. Ein kräftiger Rücken, der zusätzlich durch die Position der Hinterbeine unterstützt wird, hält isometrisch die Balance in der Levade. Um dann mit den Hinterbeinen hochzuspringen, strecken sich die Gelenke der Hinterhand, drücken die Beine mit konzentrischer Muskelkontraktion in den Boden und schieben damit den Körper in die Luft. In der Luft beugen sich die Gelenke der Hinterhand und zeigen dann eine extreme Streckung in Hüfte, Knie und Sprunggelenk, während des Pferd nach hinten ausschlägt. Das Pferd landet ohne eine Vorwärtsbewegung, und das ganze Gewicht wird absorbiert durch eine passive Streckung des Rückens, Kontraktion der Bauchmuskulatur, Einsinken des Brustkorbes zwischen die Vorderbeine, Kontraktion der Thoraxschlingenmuskulatur, Beugung in den Gelenken der Gliedmaßen, sowie Streckung und Zusammenziehen des gesamten Stützapparates.

Schlüsselbeobachtungen

Achten Sie auf die gleichen und gegensätzlichen Winkelungen von Knie und Sprunggelenk während der reziproken Bewegungen.

Video

Das dazugehörende Video zeigt ein Showpferd bei einer Kapriole an der Hand.

027 VIDEO Kapriole

1

2
3
4
6
7
HORSES INSIDE OUT

28. UNVORHERGESEHENE BEWEGUNGEN

Die Outtakes der Videos zeigen, was alles passieren kann, und wie das Pferd damit umgeht, wenn Dinge schiefgehen! Die Frage ist, ob sie wirklich schiefgegangen sind. In unseren Augen vermutlich ja – aber für das Pferd eher nicht. Es hat sich einfach nur schlau umorientiert, hat sein Gehirn aktiviert, um aus einer problematischen Situation herauszukommen. Es hat sein Bestes gegeben, um mit unseren manchmal vermutlich unverständlichen und merkwürdigen Anforderungen klarzukommen und „seine eigene Haut zu retten". Bewundern Sie in diesen Videos die Bandbreite an Bewegungen, Vielseitigkeit, Losgelassenheit, Flexibilität und Balance, wenn Übungen aus unserer Sicht schiefgehen!

Schlüsselbeobachtungen

Achten Sie hier auf die starke Rotation in der Schulter, die das Pferd zeigt, um das Vorderbein anzuheben. Achten Sie darauf, wie weit sich das Schulterblatt nach hinten bewegt – weiter als die aufgemalte Version auf der Haut.

1

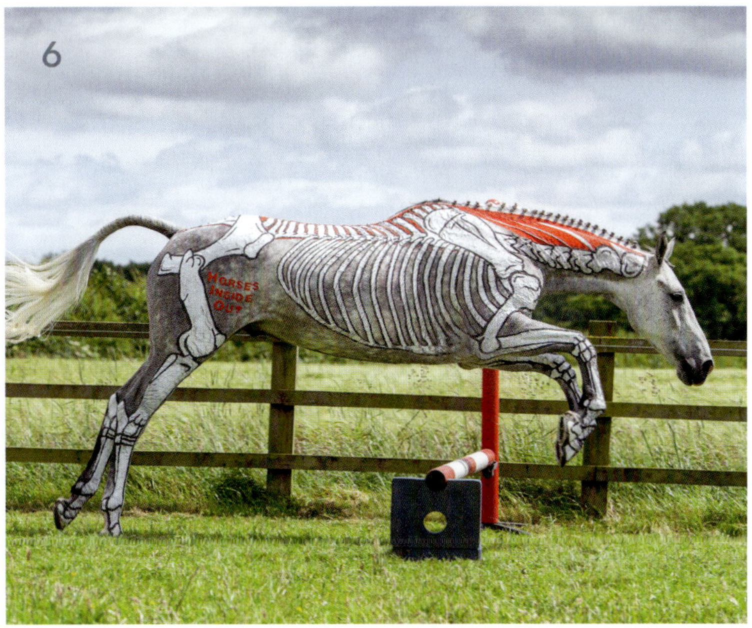

028 **VIDEO**
Unvorhergesehene Bewegungen

Rose of Bavaria (Betty)
10 Jahre alte Stute, Stockmaß 1,85
Bayrisches Warmblut, v. Bordeaux
Disziplin/Level: Dressur, Grand Prix-Niveau
Reiter*in: Laura Tomlinson; Internationale Dressurreiterin, Medaillen bei Olympia, Welt- und Europameisterschaften
Besitzer*in: U. Bechtolsheimer und Laura Tomlinson

Bilbao Flusswiss (Bobby)

9 Jahre alter Wallach, Stockmaß 1,70
Warmblut, v. Belissimo M
Disziplin/Level: Dressur, Niveau Prix St. George
Reiter*in: Emma Wooley; Internationale Dressurreiterin
Besitzer*in: Nick, Jane und Emma Wooley

Retro Hit (April)

14 Jahre alte Stute, Stockmaß 1,70
Britisches Warmblut, v. Royal Hit
Disziplin/Level: Dressur, Small Tour
Reiter*in: Emma Wooley; Internationale Dressurreiterin
Besitzer*in: The Hajela Family

Ruxton Pinacolada

14 Jahre alte Stute, Stockmaß 1,68
Hannoveraner Warmblut, v. Pommerey out of Pepsi Cola
Disziplin/Level: Dressur, Small Tour
Reiter*in: Stef Eardley, Internationale Dressurreiterin
Besitzer*in: Stef Eardley

Fiano

22 Jahre alter Wallach, Stockmaß 1,65
KWPN, v. Inferno
Disziplin/Level: Dressur, Grand Prix Niveau
Reiter*in: Stef Eardley, Internationale Dressurreiterin und Trainerin
Besitzer*in: Stef Eardley

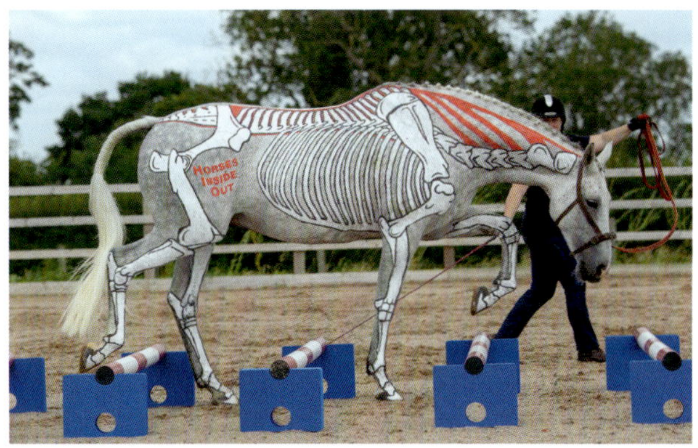

Artistic Flair (Arty)

7 Jahre alter Wallach, Stockmaß 1,73
Irisches Sportpferd, v. Wivollet Vanbeek
Disziplin/Level: Allrounder
Reiter*in: Gillian Higgins
Besitzer*in: Gillian Higgins

Fallatijn van Kairos (Finn)

9 Jahre alter Wallach, Stockmaß 1,70
Holländisches Warmblut, v. Vivaldi
Disziplin/Level: Dressur, Small Tour
Reiter*in: Laura Tomlinson; Internationale Dressurturniere, Medaillen bei Olympia, Welt- und Europameisterschaften
Besitzer*in: U. Bechtolsheimer und Laura Tomlinson

Kannanball Run (Kannon)
8 Jahre alter Wallach, Stockmaß 1,70
Irisches Sportpferd, v. Kannan
Disziplin/Level: Vielseitigkeit, FEI 3
Reiter*in: Fiona Davidson, internationale Military Reiterin FEI 4
Besitzer*in: Fiona Davidson

Galopon IV (Arthur)
19 Jahre alter Wallach, Stockmaß 1,65
Andalusier, v. Paraguayo II
Disziplin/Level: Stuntpferd / Showpferd
Trainer*in: Ben Atkinson, Trainer und Stunt-Reiter
Besitzer*in: Ben Atkinson

Blazin Chic Olena (Blaze)
18 Jahre alter Hengst, Stockmaß 1,47
Quarter Horse, v. Smart Chic Olena
Disziplin/Level: Reining, Weltmeisterschaftsniveau
Reiter*in: David Deptford, European Champion im Westernreiten
Besitzer*in: David Deptford

Maron frá Jakobsgården (Maron)

9 Jahre alter Wallach, Stockmaß 1,42
Isländer, v. einem norwegischen Hengst
Reiter*in: Fi Pugh, Islandpferdereiterin und Richterin
Besitzer*in: Fi Pugh

Erró frá Rauðafelli (Erro)

23 Jahre alter Wallach, Stockmaß 1,42
Isländer, v. Farfaxi frá Rauðafelli
Reiter*in: Fi Pugh, Islandpferdereiterin und Richterin
Besitzer*in: Fi Pugh

Háfeti frá Hurðarbaki (Háfeti/Hefty)

15 Jahre alter Wallach, Stockmaß 1,42
Isländer, v. Lúkas frá Litla-Ármóti
Disziplin/Level: Islandpferdturniere, Sport A
Reiter*in: Mike Adams
Besitzer*in: Mike Adams

Mister Cranachan (Stephen)

10 Jahre alter Wallach, Stockmaß 1,65
Vollblut-Mischling
Disziplin/Level: Vielseitigkeit, BE100
Reiter*in: Boogie Machin, junge Züchterin, reitet Military und Jagd
Besitzer*in: Luke Tapsell

Urbino

10 Jahre alter Wallach, Stockmaß 1,68
AQPS Französisches Vollblut, v. Kutub
Disziplin/Level: Team Chasing, offene Klasse
Reiter*in: Boogie Machin, junge Züchterin, reitet Vielseitigkeit und Jagd
Besitzer*in: Boogie Machin

U2 the First (Bono)

17 Jahre alter Wallach, Stockmaß 1,68
KWPN, v. Calvados
Disziplin/Level: Springpferd („im Ruhestand")
Reiter*in: Boogie Machin, junge Züchterin, reitet Vielseitigkeit und Jagd
Besitzer*in: Danielle Willet

Fruselli
10 Jahre alter Hengst, Stockmaß 1,68
Warmblut, v. Zambesi
Disziplin/Level: Springen bis 1,50 m
Reiter*in: Holly Smith
Besitzer*in: T.J. Hall und Holly Smith

Jarvas Clementine (Charlie)
12 Jahre alter Wallach, Stockmaß 1,73
Irisches Sportpferd, v. Hermes De Reye
Reiter*in: Boogie Machin, junge Züchterin, reitet Vielseitigkeit und Jagd
Besitzer*in: Felicity Benton

Blockbuster (Ben)
19 Jahre alter Wallach, Stockmaß 1,68
Französisches Vollblut, v. Todd
Disziplin/Level: Vielseitigkeit, FEI 3
Reiter*in: Boogie Machin, reitet Vielseitigkeit und Jagd
Besitzer*in: Boogie Machin

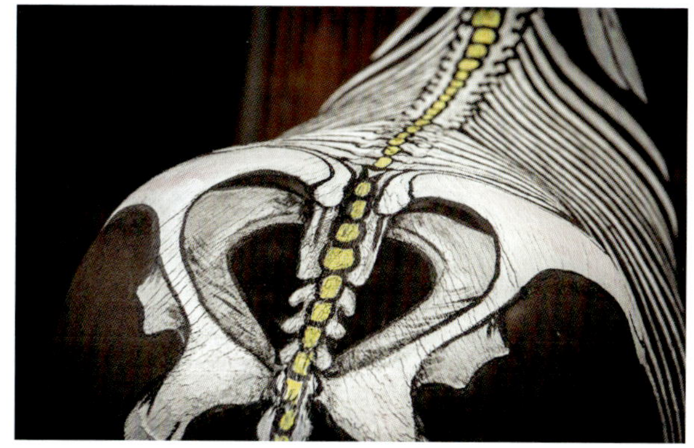

Sooty
11 Jahre alter Wallach, Stockmaß 1,47
Cob
Disziplin/Level: Allrounder
Betreuer*in: Vanessa Hardy, Hydrotherapeutin für Pferde
Besitzer*in: Brooksby Melton College

Lissyegan Júnior Guy (Pete)
11 Jahre alter Wallach, Stockmaß 1,65
Irisches Sportpferd, v. Loughehoe Guy
Disziplin/Level: Military, FEI 4
Reiter*in: Fiona Davidson, internationale Vielseitigkeitsturniere, FEI 4
Besitzer*in: Fiona Davidson

Galwaybay Smokie (Smokey)
11 Jahre alter Wallach, Stockmaß 1,80
Irisches Sportpferd, v. Luidam
Disziplin/Level: Military, FEI 4
Reiter*in: Fiona Davidson, internationale Vielseitigkeitsturniere, FEI 4
Besitzer*in: Fiona Davidson

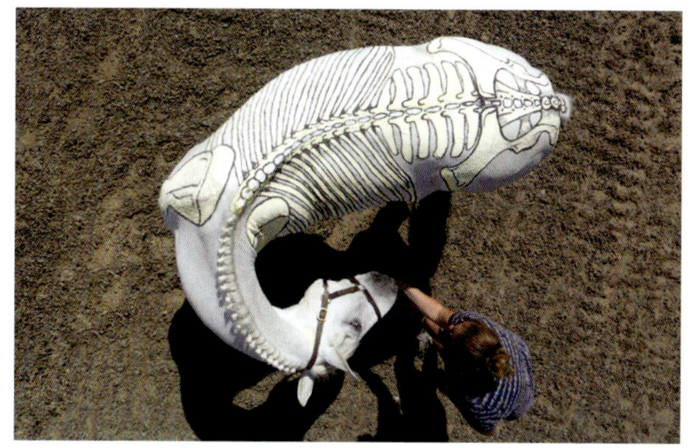

Freddie Fox (Freddie)
23 Jahre alter Wallach, Stockmaß 1,65
Hannoveraner x Vollblut, v. Rock King
Disziplin/Level: Military („im Ruhestand")
Reiter*in: Gillian Higgins
Besitzer*in: Gillian Higgins

GLOSSAR

Abduktion: das Bein wird vom Körper wegbewegt

Abrollen: die Phase zwischen dem Anheben des Hufballen bis zum Moment, in dem die Hufspitze den Boden verlässt

Adduktion: das Bein wird zum Körper hinbewegt

Aktive Bewegung: entsteht durch isotonische Muskelkontraktion

Asymmetrischer Gang: die Beinbewegungen sind unterschiedlich auf der linken und rechten Körperseite; z. B. im Galopp

Aufsetzen: der Punkt, an dem der Huf beginnt, Bodenkontakt zu haben.

Caudal: hinten, in Richtung Schweif

Cranial: vorne, in Richtung Kopf

Exzentrische Kontraktion: die Muskeln verlängern sich aktiv gegen eine auf sie einwirkende Kraft, um Bewegung zu generieren

Flugphase: der Moment im Schrittzyklus, wenn keine Gliedmaße auffußt.

Isometrisch: statische Muskelkontraktion

Isotonisch: dynamische Muskelkontraktion

Kadenz: Takt, kombiniert mit Schwung und Versammlung

Konzentrische Kontraktion: die Muskeln verkürzen sich, um Bewegung zu generieren

Kreuzgalopp: fehlerhafte Fußfolge im Galopp. Das Pferd ist mit den Vorderbeinen im Linksgalopp und mit den Hinterbeinen im Rechtsgalopp, oder umgekehrt

Lumbosacralgelenk: Scharniergelenk zwischen dem letzten Lendenwirbel und dem Kreuzbein

Masseschwerpunkt: Angriffspunkt der Schwerkraft und wichtig für die Balance. Liegt leicht hinter dem Herz und unterhalb des Widerrists

Plyometrie: Schnellkrafttraining, z. B. beim Springtraining, bei dem der Dehnungsreflex von Muskeln und Sehnen ausgenutzt wird, um Schwung und Kraft zu erzeugen

Passive Bewegung: entsteht als Resultat von äußeren Einwirkungen, z. B. der Schwerkraft

Passgang: Das Pferd bewegt gleichzeitig die gleichseitigen Gliedmaßen nach vorne; z. B. das linke vordere und gleichzeitig das linke hintere Bein

Propriozeption: ist eine Selbstwahrnehmung / Eigenempfindung. Der eigene Körper, seine Lage, Stellung und Bewegung wird wahrgenommen. Dazu kommt das Empfinden von Gewicht, Spannung, Kraft und Geschwindigkeit

Protraktion: eine Gliedmaße wird nach vorne geführt. Sie beginnt mit dem Anheben und endet mit dem Auffußen.

Rahmen: Verhältnis von Schulter- und Kruppenlänge zum Stockmaß und der Körperlänge

Retraktion: Eine Gliedmaße wird nach hinten gestreckt. Sie beginnt kurz vor dem Auffußen und endet mit dem Anheben.

Reziprokes System: Halteapparat aus Knie- und Sprunggelenk, der langes Stehen erleichtert

Schwingphase: der Moment im Schrittzyklus, in welchem der Fuß angehoben ist und sich in der Luft bewegt

Schwung: energetischer Impuls aus der Hinterhand

Stützapparat: System aus Muskeln, Sehnen, Ligamenten und Faszien, welches unter anderem das Reziproke System unterstützt

Stützphase: der Moment im Schrittzyklus, in dem der der Huf am Boden ist

Symmetrischer Gang: die Beinbewegungen sind auf der linken und rechten Körperseite spiegelgleich; z. B. beim Trab.

HORSES
INSIDE
OUT

DIE AUTORIN

Gillian Higgins arbeitet als Anatomin und Biomechanikerin für Pferde; sie ist Seniorcoach der British Horse Society, professionelle Therapeutin für Sport und Rehabilitation, und Buchautorin. Sie reitet Vielseitigkeit und hat an Turnieren bis zum Fortgeschritt-enenlevel teilgenommen. Mit ihrem großen Wissen über Pferde generell, einer Passion für Anatomie und Biomechanik, und dem Bestreben, das Wohlbefinden von Pferden zu verbessern, hat sie sich darauf spezialisiert, Bewegungsabläufe von Pferden zu analysieren und Übungen zur Verbesserung zu erarbeiten.

Mit ihren anatomischen Bildern bringt sie die Anatomie in das reale Leben und zeigt, wie Pferde im Inneren funktionieren. Gillian hält Seminare in der ganzen Welt für alle, die mehr über Pferdeanatomie und Biomechanik lernen möchten und die Reiten in Harmonie erreichen möchten.

WEITERE DVDS, BÜCHER, UND KURSE VON GILLIAN HIGGINS

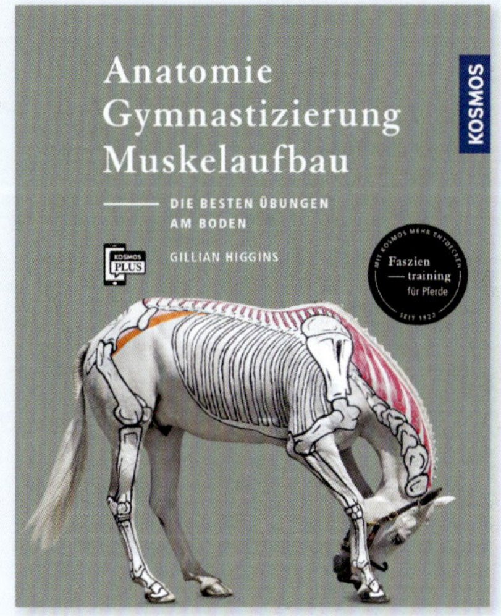

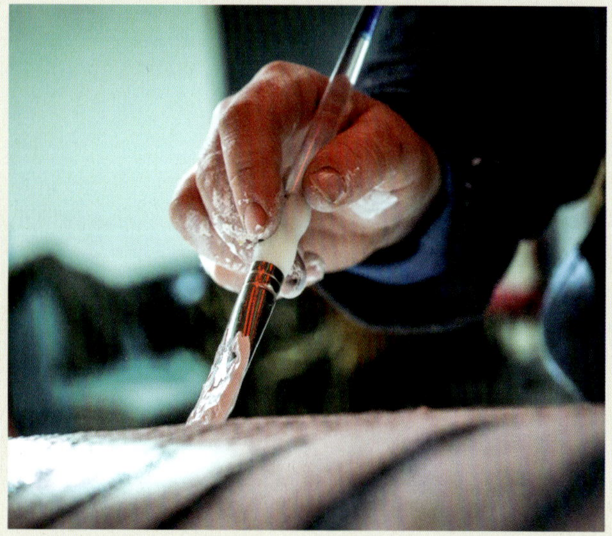

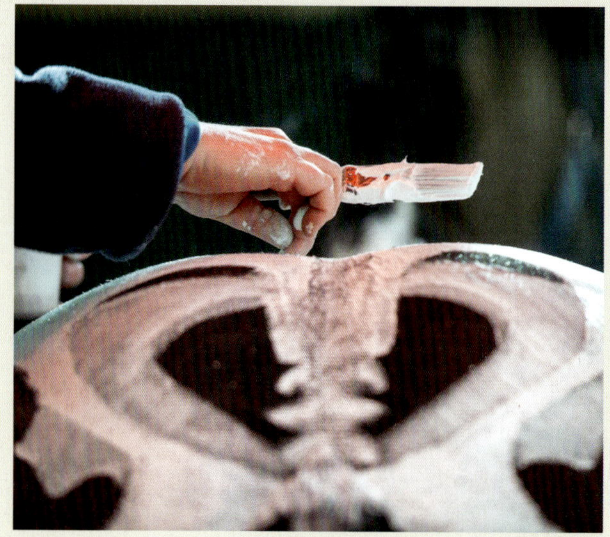

DIE FARBE

**Ungiftig, wasserbasiert,
hypoallergen und
nicht gesundheitsschädlich**

HORSES
INSIDE
OUT

ZUM WEITERLESEN

Higgins, Gillian: **Anatomie, Gymnastizierung, Muskelaufbau,** Die besten Übungen am Boden; KOSMOS 2017
Die Erfolgsautorin beschreibt auf ihre gewohnt anschauliche Art die besten Boden-Übungen zur Gymnastizierung und zum Muskelaufbau des Pferdes. So bleibt der Pferderücken gesund und locker. Mit klar strukturiertem Seitenaufbau, prägnanten Texten und Fotos zu jedem Übungsschritt. Extra: Anatomische Übersichten von Skelett und Muskulatur. Das Plus zum Buch: Die kostenlose KOSMOS-PLUS-App mit Filmen zu ausgewählten Übungen. Auch als E-Book erhältlich.

Higgins, Gillian mit Stefanie Martin: **Anatomie verstehen – besser reiten,** Bewegungsabläufe sichtbar gemacht; KOSMOS 2019
Erstmalig werden in diesem Buch die Bewegungsabläufe des Pferdes anschaulich erklärt. Die aufgemalten Muskeln und Knochen machen die Bewegungen des Pferdes sichtbar und führen zu einem besseren Verständnis der Biomechanik. Bewegungsanalysen und praktische Übungen zum Aufbau von Muskulatur machen das Buch zu einem unentbehrlichen Wegweiser für alle aktiven Reiter.

Higgins, Gillian: **Anatomie verstehen – besser reiten,** Bewegungsabläufe sichtbar gemacht, DVD-Video; KOSMOS 2011
Der Film zum Buch! Anschaulich werden auf dieser DVD die Grundlagen der Biomechanik erklärt. Die Darstellung von Bewegungsabläufen in Zeitlupe und die direkt auf das Pferd gemalten Muskeln und Knochen ermöglichen ein einfaches Nachvollziehen der Anatomie des Pferdes.

Higgins, Gillian: **Anatomie verstehen – Die Organe des Pferdes,** Das Innere des Pferdes sichtbar gemacht; KOSMOS 2018
Gillian Higgins‘ Buch aus der Erfolgsserie „Anatomie verstehen“ macht sichtbar, wie der Pferdekörper als Ganzes funktioniert und wie einzelne Organe zusammenarbeiten. Es ergründet die zwölf anatomischen Systeme in einzigartiger, bewährter Form durch Abbildungen, die direkt auf den Körper gezeichnet sind. Ausführlich erklärt die erfahrene Physiotherapeutin die Funktion jedes Organsystems und stellt einen unmittelbaren praktischen Bezug zur Pferdegesundheit und zum richtigen Training her.

Higgins, Gillian: **Anatomie verstehen – gesundheitsfördernd reiten;** KOSMOS 2017
Das neue Buch von Gillian Higgins beschreibt die Ausbildung von Pferden und die einzelnen Dressurlektionen und Springübungen aus anatomischer und biomechanischer Sicht. Erstmals wird auch die Anatomie des Reiters miteinbezogen.
Praktische Übungen zur Verbesserung der Beweglichkeit, Körperhaltung und Stabilität bringen Pferd und Reiter in die Losgelassenheit und Balance, verringern Muskelprobleme und reduzieren das Verletzungsrisiko.

Higgins, Gillian: **Gymnastizierung und Muskelaufbau für Pferde,** DVD-Video; KOSMOS 2014
Diese DVD zeigt über 30 Übungen, mit denen jeder Reiter sein Pferd gymnastizieren und beweglich halten kann. Dabei werden Koordination, Gleichgewicht, Nachgiebigkeit und Muskelaufbau effektiv gefördert und verbessert. Gillian Higgins hat die gezeigten Pferde in ihrer bekannten Weise mit dem Knochen- und Muskelsystem bemalt – dadurch zeigt sich besonders anschaulich, welche Körperbereiche trainiert werden.

Jones, Janet: **Horse Brain, Human Brain.** Erkenntnisse aus der Neurowissenschaft - Wie Pferd und Mensch denken, fühlen, handeln. KOSMOS 2022
Das Gehirn steuert das Verhalten – beim Pferd ebenso wie beim Menschen. Die Neurowissenschaftlerin und erfolgreiche Trainerin Janet Jones erklärt leicht verständlich die Gemeinsamkeiten und Unterschiede zwischen den Gehirnen von Mensch und Pferd und zeigt, wie man dieses Wissen anwendet, um Ausbildung, Training und Umgang effizient und lösungsorientiert zu gestalten.

Katzenberger-Schmelcher, Dr. Ruth / Katzenberger, Yvonne: **Mehr Körpergefühl für mein Pferd,** Ergotherapie im Pferdetraining; KOSMOS 2020
Wenn Pferde ein aufffälliges Verhalten zeigen, wird als Grund meist Ungehorsam oder unpassende Ausrüstung angenommen. Dabei liegen die Ursachen oft bei den drei Basissinnen des Pferdes: Tast-/Berührungssinn, Gleichgewichtssinn oder die Tiefenwahrnehmung sind gestört. Hier setzt die Pferdeergotherapie mit Übungen und sinnvollem Training an. Sie bietet praktische Hilfestellungen und verbessert die Körperwahrnehmung – eine Wohltat für jedes Pferd.

Klimke, Ingrid: **Cavaletti – Aufbauten und Abmessungen,** KOSMOS 2021
Für Ingrid Klimke ist das Reiten über Cavaletti fester Bestandteil des täglichen Trainings. Sehr wichtig sind hierbei die richtigen Abstände zwischen den Cavaletti, die korrekten Aufbauten und Abmessungen. Nur dann erzielt Cavaletti-Arbeit den gewünschten Trainingseffekt. Dieser Ratgeber bietet einen schnellen Zugriff auf alle wichtigen Aufbauten und Abmessungen.

Klimke, Ingrid / Klimke, Reiner: **Grundausbildung des jungen Reitpferdes,** Dressur, Springen, Gelände; KOSMOS 2019
Der Name Klimke steht für eine pferdegerechte und vielseitige Ausbildung. Die ersten Monate und Jahre unter dem Sattel legen den Grundstein für die Zukunft eines Reitpferdes. Jedes Pferd, ob es im Sport eingesetzt oder in der Freizeit geritten wird, braucht eine solide und fundierte Grundausbildung, damit es seine Aufgaben unter dem Reiter zuverlässig, motiviert und bei bester Gesundheit erfüllen kann. Kein Buch beschreibt die Grundausbildung junger Reitpferde so fundiert wie dieser Klassiker.

Klimke, Ingrid: **Reiten im Gelände,** Sicheres Ausreiten, Konditionstraining, Kleine Geländehindernisse; KOSMOS 2023
Vielseitigkeitsreiterin Ingrid Klimke ist DIE Expertin für das Reiten im Gelände. In diesem Buch gibt sie ihr komplettes Wissen weiter: sei es der erste Ausritt, Reiten durch Wasser oder am Berg, das Gymnastizieren im Gelände oder das erste Hindernis. Locker und positiv beschreibt sie, wie Geländereiten sicher und abwechslungsreich gestaltet und für Pferd und Reiter zum Erfolgserlebnis wird.

Krüger, Konstanze, Marr, Isabell, Farmer, Kate: **Lateralität bei Pferden,** Was körperliche Schiefe, motorische Händigkeit und sensorische Lateralität bedeuten und wie Pferde in Balance kommen; KOSMOS 2024
Wie der Mensch verwenden Pferde ihre Körperseiten ungleichmäßig. Man spricht von Lateralität. Dieses Buch erklärt aktuelle Forschungsergebnisse und zeigt, wie der Vorzug des Pferdegehirns für eine Körperseite mit dem täglichen Umgang, der Haltung und der Gesundheit des Pferdes in Wechselwirkung steht. Es gibt Pferdehaltern wertvolle und leicht umsetzbare Tools, um die Laterali tät des Pferdes zu erkennen, zu verstehen und im Training zu berücksichtigen.

Horses
Inside
Out

Aus dem Englischen übersetzt von Dr. Barbara Schöning.
Titel der Originalausgabe: Anatomy in Action. A Multimedia Book by Gillian Higgins
erschienen bei Gillian Higgins, www.HorsesInsideOut.com unter ISBN 978-1-9163351-0-3.

BILDNACHWEIS

Alle Farbfotos und Videos wurden von Matthew Roberts www.matthewrobertsphotographer.co.uk für dieses Buch aufgenommen.

Weitere Farbfotos von Alan Douglas (S. 134); Joe Hallam www.joehallam.co.uk (S. 26/27); Helen Richmond www.HelenRichmondPhotography.com (S. 44, 126).

IMPRESSUM

Umschlaggestaltung von GRAMISCI Editorial Design, Isabelle Fischer, München unter Verwendung eines Farbfotos von Matthew Roberts.

Mit 289 Farbfotos.

Gedruckt auf chlorfrei gebleichtem Papier

Für die deutschsprachige Ausgabe:

Pfizerstraße 5–7, 70184 Stuttgart
kosmos.de/servicecenter

ISBN 978-3-440- 17894-2
Redaktion: Alexandra Haungs
Gestaltungskonzept: David Hiles www.d15design.com
Gestaltung und Satz: DOPPELPUNKT, Stuttgart
Produktion: Claudia Frank
Druck und Bindung: Print Consult GmbH, München
Printed in Slovakia / Imprimé en Slovaquie

FSC® www.fsc.org
MIX
Papier | Fördert gute Waldnutzung
FSC® C106855